哈佛大学
励志公开课

努力就是为了不苟且地活着

HAFO DAXUE LIZHI GONGKAIKE

NULI JIUSHI WEILE BU GOUQIE DE HUOZHE

黄槟杰◎编著

北京工业大学出版社

图书在版编目（CIP）数据

　　哈佛大学励志公开课：努力就是为了不苟且地活着 / 黄槟杰编著.
— 北京 ：北京工业大学出版社，2018.2
　　ISBN 978-7-5639-5847-4

　　Ⅰ.①哈… Ⅱ.①黄… Ⅲ.①成功心理–通俗读物
Ⅳ.①B848.4-49

　　中国版本图书馆 CIP 数据核字（2017）第 302384号

哈佛大学励志公开课：努力就是为了不苟且地活着

编　　　著：黄槟杰
责任编辑：李周辉
封面设计：芒　果
出版发行：北京工业大学出版社
　　　　　（北京市朝阳区平乐园 100 号　邮编：100124）
　　　　　010-67391722(传真)　bgdcbs@sina.com
出 版 人：郝　勇
经销单位：全国各地新华书店
承印单位：北京柯蓝博泰印务有限公司
开　　本：710 毫米×1000 毫米　　　1/16
印　　张：15.25
字　　数：200 千字
版　　次：2018 年 2 月第 1 版
印　　次：2018 年 2 月第 1 次印刷
标准书号：ISBN 978-7-5639-5847-4
定　　价：38.00 元

1

哈佛大学（Harvard University）是一所位于美国马萨诸塞州剑桥市的私立大学，1636年由马萨诸塞海湾殖民地立法机关立案成立。1780年，哈佛学院更名为哈佛大学。哈佛大学是一所在世界上享有很高声誉、财富和影响力的学校，在世界各研究机构的排行榜中，经常名列全球大学第一位。

哈佛何以称"世界一流"？从"先有哈佛，后有美国"这句话中，人们可以找到一些答案。哈佛被誉为"美国人的思想库"，为今天强大、繁荣的美国输送了一批又一批人才。建校几百年以来，哈佛诞生了许多总统、诺贝尔奖获得者、世界级的优秀记者、跨国公司总裁、杰出的教育工作者等。今天，中国社会的精英中也有不少留学于哈佛，从那里获得人生中宝贵的知识和教诲。

哈佛代表着学子心中神圣的殿堂，是许多年轻人梦寐以求的地方。

很多人内心深处都有一个哈佛梦想。对于每一个渴望成功的人而言，哈佛不仅是一所名校，更是一种精神的指引。

2

不管你有没有机会去哈佛学习，哈佛的精神和学风都值得你学习。

哈佛的学生几乎没有一个能把老师要求的书目读完，所以他们经常学习和阅读到夜里。

这里的学生很少有按时睡觉的，很多人都是在图书馆熬通宵。到了凌晨两三点，阅览区还是座无虚席。"凌晨的图书馆聚会"是同学们迎接新一天的仪式。

哈佛某教授对学生说："你学我这门课，你就一天只能睡两小时。"

哈佛的博士生，可能每3天要啃下一本大书，每本几百页，还要交上阅读报告。

尽管从这里过桥就是波士顿，有的学生——尤其是留学生——入学一两年，还从来没有上过桥，连波士顿长什么样都不知道。

在哈佛，大一不分系科专业，大二开始在约40种学科中选择专业。哈佛本科4年，要学30多门课，分为7门核心课程、16门专业课，再加上8门选修课。核心课程是每个学生的必修课，涵盖外国文化、文学与艺术、历史研究、道德推理、数量推理、社会分析等领域。各领域再细分为若干亚领域，共有11个亚领域，每个亚领域开设几十门课程，供学生自由选择。

在哈佛，连那些得诺贝尔奖的教授，也一样成天忙忙碌碌。

在这样的学校里，混日子没戏，出类拔萃更难，大家都玩命读书。

人们在感叹哈佛为什么能够成为培养精英的摇篮时，也应该反省一下，自己是否真的努力过？

3

有人说："我不敢在家休息，因为我没有存款；我上班不敢偷懒，因为我没有成就；我不敢说生活太累，因为我只能靠自己。"很多人迫切寻求改变，而努力是你唯一能掌握的变量。当你对现实不满的时候，你在做什么？当你荒废时间的时候，有多少人在努力？

凌晨四点半，当你还在睡梦中的时候，哈佛大学的图书馆里还有众多学子在勤奋学习。比你聪明的人比你还努力，这就是你赶不上别人的原因。

"凌晨四点半"是一个时间，而在哈佛，凌晨四点半是一种态度，一种不肯松懈一毫、不肯错过一点点时间的积极进取的态度。对于一个人来说，困难不在于某一天凌晨四点半的辛苦，而在于每一天凌晨四点半的坚持。每天的凌晨四点半，每天的辛劳与汗水。这条道路看似笨拙，可实际上，这才是通往成功那条路的不二途径。

这本书会让你看到：不断努力，成为更好的自己，才能配得上更好的你。坚持梦想，脚踏实地去实践，才能走进熠熠生辉的明天。承受孤独，穿过荆棘，世界不曾亏欠每一个努力的人！

目 录

第三课　你一定要努力，但千万别着急 ·················· **43**

　　哈佛人提醒，做事若急于求成，就会像饥饿的人乍看到食物，狼吞虎咽，反而会引起消化不良。请记住，你一定要努力，但千万别着急。

第四课　世界上最大的谎言就是"你不行" ·················· **65**

　　哈佛学子认为，在每个平淡无奇的生命中都蕴藏着一座丰富的金矿。哪怕仅仅是微乎其微的一个优点，只要肯深入挖掘，都会挖掘出宝藏。

第五课　你的努力用对地方了吗

　　哈佛大学有一句名言："不知道要去哪里的人哪里也去不了。"

第六课　从来没有一种坚持会被辜负

　　事在人为，哈佛人瞧不起不思进取、对前途失去信心或被挫折打垮的人。他们认为自己才是命运的主人，对过去的事都很健忘，也不沉湎于当前。他们总是用更多的精力关注未来，相信明天更美好。

第七课　不攀附不将就，努力变得更加优秀 ·············· **147**

很多时候，当生活、爱情、事业给你设置了一道道障碍时，很多人便溃不成军。哈佛人却说："我们不过是输给了自己，输给了那个内心焦躁、忧虑、畏怯的自己。"

第八课　正确的价值观是努力的基础 ·············· **165**

哈佛的校训是："让真理与你为友。"那么，到底什么是真理呢？每一个国家、民族对这个词汇都有不同的理解。在哈佛大学，它被赋予的含义是："真相、诚实和正直。"

第九课　你所做的每一件事情，都会成为你的名片 ··················· **185**

　　在哈佛，许多事业有成的人在小学徒或小职员时代就能以最高的热忱和耐心去面对上司给予他们的小工作，这是非常普通的事实。你不可能用数量来衡量工作的大小，大事往往在小事之中。

第十课　上苍给了每一个人均等的机会，只要你及时抓住它 ········· **209**

　　哈佛大学认为：成功并非一场竞赛，也不是一座难以逾越的高山。它其实只是每个人生来就有的权利，是生活的本来面目。上苍给了全世界每一个人均等的机会，只要在它来临的时候发现它，并牢牢地抓住，你就不会被梦想抛弃。

第一课

哈佛凌晨四点半，比你优秀的人还在努力

凌晨四点半，当你还在睡梦中的时候，哈佛大学的图书馆里还有众多学子在勤奋学习。比你聪明的人比你还努力，这就是你赶不上别人的原因。

一往无前,因为坚守了破釜沉舟的勇气

如果我们的身后没有退路,那么,前进就是别无选择的选择。

——哈佛箴言

有的人做事总是前怕狼后怕虎,结果错失良机;有些人却有破釜沉舟的勇气,继而成就大业。

面临无退路的境地,人才能够最大限度地调动自己的潜能。只有这样,才能从生活中争得属于自己的位置,逐渐使自己走向成功的队伍。

一个留学生刚到澳大利亚的时候,为了找一份合适的工作来糊口,替人割草、放羊、收庄稼、刷盘子……

有一天,正在一家餐馆刷盘子的他,偶然在报纸上看到了一条澳大利亚电信公司的招聘信息。他担心自己的英语不地道、专业不对口,就选择了线路监督的职位去应聘。

过五关斩六将,眼看着就要得到那年薪很高的职位了,却不想招聘主管问他:"你有车吗?你会开车吗?这份工作时常要外出,没有车寸步难行。"

初来乍到,糊口都成问题,怎么还会有车呢?但为了得到那个极具诱惑力的职位,他不假思索地回答:"有,也会开。"

"那么,三天以后,你开着车来上班吧。"主管说。

几乎身无分文的他在三天之内要买车、学会开车谈何容易。但为了生存，这位留学生向他的一个朋友借了钱，在旧货市场上买回了一辆旧得不能再旧的大众牌甲壳虫汽车。

第一天，他看着朋友开车。

第二天，他自己颤抖着双手在草地上歪歪扭扭地开车。

第三天，他开着那辆"老爷车"，左右摇晃着去上班了。

最后，这位留学生已是那家电信公司的业务主管了。

在一次战役中，有一位将军率领的部队被逼到了离地中海很近的地方。他在反攻前夕向士兵发表了简短的演说："记住，你们已经没有退路了，你们的背后就是地中海。你们必须勇敢地向前，向前！"结果，军心大振，反攻大获全胜。

将自己置身于悬崖上的破釜沉舟的勇气，从某种意义上说，是给了自己一个向生命成功的高地冲锋的机会。

塑料花为李嘉诚掘得平生第一桶金，他也因此赢得了"塑料花大王"的称号，使他从一个穷小子成为一名富商。1958年，长江公司的营业额已达1000万港币，光纯利就已有100万港币。长江公司的塑料花牢牢占领了欧洲市场。稳固欧洲后，李嘉诚又转向北美市场。

一家销售网遍布美国、加拿大的北美最大生活用品贸易公司有意到香港实地考察，李嘉诚果断拍板：一定要拼尽全力抓住这个大客商。

凭借与欧洲批发商做交易的经验，李嘉诚在公司高层会议上宣布了一项石破天惊的决定："一周之内，将塑料花生产规模扩大到令外商满意的程度。"

这是李嘉诚做生意这么多年来，最大、最仓促的一次冒险。他孤注一掷，几乎是拿多年营建的事业来赌博。

李嘉诚一直作风稳健，可这一次，他别无选择。要么彻底放弃，要么全力一搏。无法想象一周之内形成新规模的难度有多大。首先要另外新租一座占地约1万平方英尺（1平方英尺≈0.09平方米）的标准厂房，然后将旧厂房退租，搬迁原有的可用设备，购置新设备，改建新厂房，安装调试设备，新聘工人并且培训上岗，工人进入正常运行……

李嘉诚和全体员工一道，奋战了六个昼夜，每天只睡三四个小时。第七天，这家公司购货部经理抵达香港。最后，美国人当即对李嘉诚说："好，我们现在就可以签合同。"

如果当时李嘉诚没有断绝自己的退路，拿出破釜沉舟的勇气，可能不会成就今天的事业，成为华人富豪。所以，当千载难逢的机会降临到普通人的面前的时候，当某件事情的发展到了一个生死攸关的时刻时，需要你有一点破釜沉舟、置之死地而后生的精神。

你为什么一直穷

人生在不断地改变中得到成长，安于现状的年轻人一定怀着一颗苍老的心。

——哈佛箴言

中国有句俗话："再穷不能穷三代，再富也不能富万年。"没有人愿意始终生活在穷困的境遇中，穷是一个人的暂时处境。

"为什么我是穷人，我怎样才不再是穷人，怎样做才能致富？"有头脑的穷人每天都在思考着这个问题。这种无穷的渴望改变了一代又一代穷人的境况，为此，他们努力去学习科学技术，用知识来武装头脑，用学问来改变命运。

俞敏洪回忆他创业初的故事：

"我把我弃教从商的决定，在一定程度上归功于妻子没完没了的唠叨。突然有一天，我听到一声大吼：'如果你走不出国门，就永远别进家门！'我一哆嗦后立刻明白我的命运将从此改变。我发现，一个女人结婚以后最大的能力是自己不再进步，却能把一个男人弄得很进步或很失败。

"老婆的一声吼远远超过一切力量，从1988年开始我就被迫为了出国而努力学习。我化压力为动力，化被动为主动，终于考过了TOEFL（托福，英语能力考试），又战胜了GRE（美国研究生入学考试），尽管分数不算很高，但可以联系美国的大学了。去美国至少需要人民币十几万，在那个时候这可是一笔天文数字。

"我老婆是天津人，我是江苏人，我在长江边上，她在海河边上，所以都喜欢吃鱼。我们两个都是大学里的普通老师，因为没有钱，我当时买鱼就专门买死鱼，因为死鱼只要两块钱一斤或一条这样子，活鱼就变成了六七块钱。

"我记得的一个转折就是，我到外面为培训机构代课以后，开始是一二百块钱一个月，后来就变成了六七百块钱一个月。当时，我老婆在中央音乐学院工作，我们住在北京大学的宿舍里，所以晚上一般我就负责做饭。记得有一次她下班回来以后，发现鱼汤是用活鱼做的，就很开心。那天晚上好像就成了我们生活的转折点，从此以后她开始对我变得温柔了，因为能吃到活鱼了。"

成功学说："没有做不到的事，只有不会变通的人。"正所谓没有变化就没有生机，没有变化就没有发展，我们贫穷，就在于我们一直死守贫穷的现状。穷人懂得变通才能致富，"变"的方向和路径的选择，往往决定人的物质厚度。

福勒出生在美国路易斯安那州一个贫困的黑人家庭，他在五岁时便开始劳动。福勒的大多数伙伴都是佃农的孩子。这些家庭认为他们的贫穷是命运的安排，因此，他们并不要求改善自己的生活。

小福勒不同于其他孩子的是，他的母亲不肯接受这种仅够糊口的生活。她时常对自己的儿子说："我们不应该贫穷。我不愿意听到你说：'我们的贫穷是上帝的意愿。'我们的贫穷不是由于上帝的缘故，而是因为你的父亲从来就没有产生过出人头地的想法。"

"没有人产生过出人头地的想法"，这个观念在福勒的心灵深处刻下了深深的烙印，以至改变了他整个一生。他决定把经商作为生财的一条捷径，最后选定经营肥皂。于是，他挨家挨户出售肥皂达十二年之久。

当有人要求与他一起探讨获得财富的成功之道时，他回答："我们是贫穷的，但不是因为上帝，而是我们从来没有想到改革。"

世间大部分的贫穷都是不思变的结果。如果你坚决地要求改变，并且不断地奋斗去取得富裕、充足，总有一天能够摆脱贫困。穷人要改变自己的思维，改变自己的看法，不要拿保守给自己安于现状的心当借口。

只有不满现状的开拓者，才能获得更多的成功。突破现状需要相当的勇气才能做到，因为维持现状比较容易，而且不会产生麻烦。一般人都有一种想法，以过去的经营方式照样能活下去，所以绝不会轻易去改革。观念保守者绝不愿意蜕变，但是维持现状不求改变总有一天会走下坡路，穷人要革自己的穷命才会有出路。

在绝望中寻找希望，人生终将辉煌

如果你失去未来的方向，不知所措，疲倦绝望。那么，黑暗来临，生命陷入困境。

——哈佛箴言

俞敏洪说道："可以说我们的生活的80%是由不如意和绝望组成的，而你的精神之所以不垮，就是因为在绝望中还保留着希望的种子。新东方是自己出国梦想的废墟上长出的一棵新苗，一次次绝望境遇的突破令它茁壮。"黑暗不是绝境，而是为了让你更容易捕捉到希望的光亮，哪怕它很微弱。

俞敏洪高考三次才考上大学，他在笔记本上写下一句著名的格言："在绝望中寻找希望，人生终将辉煌。"

俞敏洪回忆说："我进了北京大学以后，没有做出什么值得骄傲的事情。在北京大学六年没谈恋爱，还得了肺结核。在北京大学教书，什么成就也没有。接着联系美国学校，三年半没有一所美国大学给我奖学金，最后还被北京大学加了一个一级行政机构处分。"

为了挽救颜面，俞敏洪不得不离开北京大学。这时，俞敏洪突然发现人生带了点走投无路的感觉，生命和前途似乎都到了暗无天日的地步。

"我觉得老天对我是如此不公正，我这个人很不错，为什么让我受这么多的苦难？但是后来我发现，之所以经历这么多的波折，之所以最后去不了美国，是因为冥冥之中有一个新东方学校在等着我。"

尽管留学失败，俞敏洪却对出国考试和出国流程了如指掌。尽管没有脸面再在北京大学待下去，俞敏洪反而因此对培训行业越来越熟悉。正是这些，帮助他抓住了个人生命中最大的一次机会：创办北京新东方学校。

当人进入一个黑暗的房间，开始也许会因为恐惧大喊大叫，但眼睛慢慢就会适应，在黑暗里模糊地辨认方向或物体。很多人生的转折点也是这样，最初你也会惊恐地喊叫，但接下来要做的就是冷静下来，摸索着向前寻找可以帮助你走出黑暗的东西。这时候，你会发现黑暗反而是有益的，哪怕是很小很弱的一点光亮，你都能第一时间发现。

有时候，你也许要在黑夜里走很长一段路，中间也许会绊倒、会受伤，心里的恐惧也有增无减。但只要你不放弃寻找，光明就一定会到来。

失聪的南非游泳选手泰伦斯·帕金，在悉尼奥运会男子200米蛙泳中摘下一枚银牌。游泳选手都是在号令发出后跃入泳池的，但是失聪的泰伦斯是如何判断跳水的时间呢？原来，大会允许泰伦斯的教练希尔在起跳台附近安一个闪光装置。号令发出时，希尔同时按动按钮，泰伦斯看到装置上的红灯亮起旋即起跳。

泰伦斯喜欢游泳，12岁的时候，一个偶然的机会被游泳教练希尔相中。良好的天赋加上刻苦的训练，泰伦斯迅速在南非泳坛崭露头角。对于泰伦斯来说，失聪并非全然坏事，因为他可以不受比赛现场噪声的干扰，专注于自己眼前的水道。

每个人都能够找到属于自己的舞台，只要不失去勇气和坚强。其实，上天赐予每一个人的困难和机会都是一样多，关键看你有没有用心发现，能不能努力把握，也许再坚持再努力一些，就会找到突破自我的机会。只有当黑暗和痛苦是上帝赐予的礼物，才能蜕变成长。

从现实光明跌入黑暗，又从现实黑暗走向心灵光明的杨佳，15岁就考入大学，19岁成为郑州大学最年轻的教师，22岁考入中国科学院研究生院。一路走来可谓是阳光灿烂，前途一片光明。可就在她29岁那年，突如其来的一场疾病致使她双目失明。

以前看似最简单不过的行动，现在都成了生活的阻碍。不过，在强大的意志力的支撑下，她从零开始学习盲文，最后重返讲台，并且在哈佛大学肯尼迪政府学院，成为第一位获得公共管理硕士学位（MPA）的外国盲人学生。她从一名普通的残疾人到联合国残疾人权利委员会副主席，为全世界的残疾人服务。

哈佛人认为，只有在天空最黑暗的时候，才能看到天上的星星。正如《侏罗纪公园》中的台词："生命会找到出路。"任何人都可以为自己找到一条出路，虽为残障者，但是失明者耳朵特别敏锐，失聪者眼睛特别锐利，命运让人在某一方面有缺陷，必在另一方面补强。

人的一生，难免会因为疾病、贫穷、战争等原因遭受挫折，能够克服困难、不向恶劣环境低头的人，最后一定会获得成功。

咬咬牙，扼住命运的咽喉

不要相信命运是上天注定的，要相信命运由自己主宰。

——哈佛箴言

为什么很多人很普通，就是因为他们缺少坚忍的意志，怕苦怕累，半途而废。要想改变人生命运，摆脱草根生活，就需要你有坚定的决心。

意志薄弱的人经受不起各种艰难困苦的考验。只有那些遇到困难依旧百折不挠的人，才能够脱颖而出，成为英雄。

大多数人小时候都有过学骑自行车的经历，父母会跟你说："当你摔倒100次的时候，你就学会了。"像小孩子从蹒跚学步到稳健前行一样，每一个成功的人都从自己的失败中汲取了无数经验。

有时候，你觉得自己不够成功，只是因为失败次数还不够多。比如，想要挖一口井，水层在地下20米，这时即使挖到地下19米都是失败的，但反过来想一想，如果没有这前19米的失败，就不可能有第20米的成功。

廖容典是美国一家国际投资顾问公司的总裁，他有一个非常著名的百分比定律。

这个定律就是：假如你会见了10位顾客，只在最后一位顾客处获得了200元的订单。那么，你该如何看待前9次的失败与拒绝呢？

对此，廖容典进一步解释说："请记住，你之所以赚200元，是由于你会见了10位顾客的缘故，而不是第10位顾客。每位顾客都让你赚了20元。因此，每次拒绝的收入是20元。所以，当你被拒绝时，你应该面带微笑，给顾客敬礼，因为他让你赚了20元。"

日本日产汽车推销之王奥城良治曾经说：日本汽车推销员拜访顾客的成功率是三十分之一，也就是说每拜访30位顾客，就会有一个人买车。他明白，只要锲而不舍地连续拜访29位后，第30位就是买家了。他拜访了无数个人，失败了无数次，最终创造了汽车销售业绩奇迹。

为了发明有效的药品，德国医学家欧立希废寝忘食地学习前人的经验，翻阅了大量的资料。他和他的助手在实验室里不停地对染上疾病的小白鼠用各种各样的化学药物进行治疗。好几百种药物全都试过了，已经耗费了上千只小白鼠，依然没有效果。

为了加快实验的进度，欧立希决定日夜奋战在实验室里，晚上就在长椅上睡觉，枕头是几本书。他们用来实验的化学药品已经超过了600种之多，有一位朋友劝他不要再白费力气了。但他依然坚持说："实验一定要继续进行下去，一定要找到这'神奇的子弹'。"他相信无数次的失败其实是开启成功的钥匙，科学探索就是建立在无数次之上的。

在不懈地努力下，欧立希和他的助手们实验的编号606的化学药品经受住了考验。一批批得病的小白鼠，只要打一针这个药品，就可以恢复健康。此药品命名为"606"，正是象征着他605次的失败实验。

对此，诺贝尔文学奖得主罗曼·罗兰说："累累的创伤，便是生命给予我们最好的东西，因为在每个创伤上面，都标志着前进的一步。"这无疑是最好的总结。

坚强的意志、顽强的毅力等品质对事业成功、生活的顺遂起着重要的作用。泥泞的道路并不可怕，可怕的是失去对生活的热忱。跌倒了，你只不过失去了一次前进的机会，但失去了热忱却损伤了灵魂。只有咬牙扼住命运的咽喉，才能使自己直面惨淡的光景，最后突破重围，成为一颗耀眼的明星。

除了自己，你还可以依赖谁

人生有许多美好的东西，不是靠别人给予，而是靠自己去创造。

——哈佛箴言

人若总是依赖他人，就会削弱自己潜在的才能。

年轻人普遍存在着好高骛远、定力不够等现象。一些人总是希望别人家的"地"就是自己的，却从不曾仔细关注过自己的脚下，不曾注意自己手头的工作，不曾分析过手头工作可能给自己带来的财富。每天总是在羡慕别人的工作，甚至感叹成功者的机遇不可复制。

如果能立足本职、勤勤恳恳、脚踏实地，在实践中摸索，着眼未来，灵感和机遇同样会垂青于你。如果这山望着那山高，不想通过努力就企图坐享其成，那无异于期待天上掉馅饼。

你凭什么能在这个世界上生存下来，而且生存得比其他人更好？

答案有两种可能：一是你有庞大的家业可继承，天生就可以过衣食无忧的生活；二是你具备优秀的生存本领，凭智慧和汗水获得想要的幸福。

年轻人，玩兴正浓，或许从来没有机会考虑生存的压力，因为即使天塌下来也有父母为你扛着，所以你觉得现在考虑生存的问题为时尚早。

然而，不管一个人是否有能干的父母，是否有不菲的家业，也必须有生存的本领，不能依靠别人生活一辈子。否则一旦失去后盾，他将会变得一无所有，甚至连生存都受到威胁。

多年前，美国加州的蒙特雷镇发生了一场鹈鹕危机。蒙特雷是鹈鹕的天堂，可那一年鹈鹕的数量却骤然减少。生物学家担心出现了禽鸟瘟疫，环境学家认为海水污染已经超过极限，一时间人心惶惶。

科学家们最后发现原因是镇上新建的钓饵加工厂。以往，蒙特雷的渔民在海边收拾鱼虾时，总是把鱼内脏扔给鹈鹕吃。久而久之，鹈鹕变得又肥又懒，完全依赖渔民的施舍过活。世世代代靠别人养活的蒙特雷鹈鹕已经丧失了捕鱼的本能。后来，蒙特雷镇建起了一座加工厂，从渔民那里收购鱼内脏，作为原料生产钓饵。自从鱼内脏有了商业价值后，鹈鹕们的免费午餐就没了。

过惯了饭来张口的日子，鹈鹕仍然日复一日等在渔船附近，期盼食物能从天而降。不用说，救命的鱼内脏没有降临，它们变得又瘦又弱，很多都饿死了。

或许现在的你，正像鹈鹕一样，为一直以来吃着父母提供的食物而沾沾自喜。吃饱了上一顿，继续等待家人提供下一顿，可为什么不想想鹈鹕失去免费食物后的潦倒状况呢？

如果过惯了养尊处优的生活，很容易变得懒惰，失去理想和追求，生活也就失去了意义。

如果想在这个世界上生存下去，生活得更好，就应该靠自己的认真努力去争取。让自己独立，依靠自己是唯一稳妥的生活方式。

美国的富商大卫·洛克菲勒的成长经历就是很好的例子。

大卫是石油大王约翰·洛克菲勒的儿子，他出生的时候，家里已经有大笔的财产，可他们兄弟每周只能得到30美分的零用钱。同时，按父亲的要求，每人还必须准备一个小账本，将零用钱的使用情况记录在上面。经过检查，如果使用合理，还能得到奖励。

他的父亲让他从小就懂得了金钱的价值，零用钱是有限的，如果想获得更多的钱，怎么办？方法只有一个：自己去赚取。

大卫小的时候，从家庭杂务中挣钱，例如捉走廊上的苍蝇100只，得10美分；抓阁楼上的老鼠，每只可得到5美分。他有一招更绝，设法取得了为全家擦皮鞋的特许权，然而，他必须在清晨6点起床，以便在全家人起床之前完成工作，擦一双皮鞋5美分、一双长筒靴10美分。

正是这种"想要用钱自己挣"的思想，激励着大卫后来取得了辉煌的成就，将父亲约翰·洛克菲勒的财富延续下去。

自立，虽然暂时迫使你抛掉了眼前的锦衣玉食，甚至要吃不少苦头，却是你今后获得幸福生活的资本；而依赖和懒惰，尽管给现在的你提供了安逸的生活，却是你精神上的毒瘤，让你的人生堕落潦倒。

不管你的家底多么丰厚，也不应该待在家里"坐吃"父母，一味"啃老"，而要多寻找机会、锻炼自己、独立自强。不要等到老了，时光与青春都失去了才后悔莫及。

找到自己喜欢的好工作，在竞争中不被淘汰出局，好机会出现的时候抓住它，照顾好自己的身体，解决遇到的困难，等等，这些都是你对自己的责任，事关你的明天甚至一生。要靠你自己，不能指望别人为你解决这些问题。

哈佛大学认为，所谓的自由意味着没有人随便约束你的行动，也意味着没有人为你承担照顾自己的责任。

所以，即使有人能够帮你一些，也不可能代替你自己，最重的那块还得你自己扛。你不能指望无权无势的父母帮你搞一份好工作，你不能指望做生意发了财的同学把自己的房子送给你，你不能指望病了的时候有人为你承担病痛，你不能指望被辞退的时候有人为你找老板说情。

作为一个成年人，个人成败，自己承担。你就是自己人生成败的第一责任人。你的一生要靠你自己，不要把希望寄托在别人身上，不要指望别人为你遮挡生活中不可避免的风风雨雨，不要成为亲朋好友的负担，更不要成为令人头疼的麻烦制造者。即使这个世界上有免费的午餐，也不可以随意吃。

生活的结果取决于你的选择

如果你选择的是平淡安逸，那么结果肯定是碌碌无为。

——哈佛箴言

"什么样的生活才是我想要的?"很多人都问过自己这个问题，但依旧没有结果。这些人总是觉得自己有些迷茫，明明有很多的想法，但总有懒惰的理由和借口不去实现。很多人都是做一天和尚撞一天钟，时间就在这样的日出日落中慢慢消逝。

若是想要自己的人生有所改变，就不能再像以前一样迷迷糊糊地过下去了，每个人都有权利选择自己的生活方式，你此刻所经历的生活都是自己选择出来的，如果你选择的是平淡安逸，那么结果肯定是碌碌无为。

大学毕业后，小海的一位同学分到某县政府机关工作。去年夏天，十多年没音信的他突然打电话给小海，要小海帮他找一份工作，因为他所在的单位突然裁员，他是第一批被裁人员之一。

小海问："过去十多年里，你取得过什么突出的业绩吗?"

"没有什么业绩，平平淡淡地过来了。"他说。

"那么，你进修过新的知识吗？比如考取过什么资格，拿到过什么新的学位？"

"没有。大学毕业后，我一直没有学习过，现在还是一个会计员，连助理会计师职称都没拿到。"

小海问："那么，你参加过什么可以助长你的技能的项目吗？"

"没有。"

小海失望地问："那么，你这十多年都做什么去了呢？"

"开始几年谈恋爱，婚后几年打麻将，近几年在玩网络游戏。当时的想法是：在政府机关工作，清闲，没什么压力，而且失业的可能性几乎为零，所以就安于现状，虚度了光阴，实在惭愧。"他说。

虽然他现在很后悔，但小海还是明确表示帮不了他。

大家身边有很多人像这个事例中的那个人一样，整天浑浑噩噩、无所事事，但上天是公平的，唯有心无旁骛、身体力行者才能有充实的内心，过上自己选择的生活。

每个人的苦衷只有自己能完全了解。人生时刻在作选择，但很多时候都是鱼与熊掌不可兼得。

李晓的父母开了七八家工厂。李晓在家中排行最小，上头有三个姐姐。他是父母唯一的儿子，父母又有重男轻女的观念，对他很溺爱，从小到大一切都为他包办好了。

可是李晓从小就不喜欢做生意，而喜欢摄影。因为知道大学毕业后要回家继承父母的产业，所以李晓在大学里也没怎么好好学习，经常跟着一帮玩摄影的朋友到处跑，还挂了不少科。但是他一点都不发愁，甚至还挺开心的，觉得如果因此推迟毕业，他的自由时间还可以延续得久一点。

但是他大学还没毕业就迫于父母的压力回家做生意了。他也反抗过父母，想离开工厂，完成自己的摄影师之梦。可是他的母亲绝食，并以死相逼，父亲则一遍遍地训导："我辛苦半辈子不就是为了你吗？难道你想让我一辈子的心血都白费吗？"于是，他只好当起几个工厂的总经理，好好学习做生意。

巴赫在《幻觉》里写道："少了实现愿望的能力，就不可能许下愿望，但无论如何还是要这么做。"徒有梦想，永远无法获得满足感。无论追求名利、爱情或事业，都要付诸行动。如果你不想过"日出而作日落而息"的平淡生活，就要调整自己的生活，努力奋斗改变现状。

你的今天是你的昨天所决定的，你的今天将决定你的明天的生活。来到这个世界不是你的选择，但活在这里是无法逃避的现实，如何面对世界的态度是可以选择的。既来之则安之，生活的结果最终决定于自己的选择。

有时贫穷也是一种财富

贫穷本身不可怕，可怕的是自认为命定贫穷，或者必须老死于贫穷的心念。

——哈佛箴言

俗话说："人穷志不穷。"当你不断地被贫穷折磨时，对财富的欲望和追求就会变强，好的想法会不断地涌出，并具有超群的行动力。

日本歌手千昌夫在兄弟三人之中排行老二。小学三年级时,父亲病故,全家人以母亲的积蓄勉强维持生计。但因为实在太穷无法支付电费,常常被停电。没办法,全家人只好靠蜡烛照明。

千昌夫升入高中后,心里仍旧充满着贫困艰辛的感觉。这种感觉促使他产生了渴望获得成功的雄心。高中二年级春假的一天,他独自一人乘夜间列车离家出走,以做歌手为目标直奔东京。之后,他拜作曲家远藤实为师,历经磨难与痛苦,终于成为如今风靡全日本乃至全世界的歌手。

许多人总以为自己已经尽了最大努力同贫穷奋斗,实则没有。就事而论,世间许多的贫穷,都是由懒惰所造成的,都是由奢侈浪费及不愿努力、不肯奋斗所造成的。

当选为"中国大学生自强之星"的李新玲说:"贫穷不是乞求别人同情的资本,我们更应该学会坚强与自立。""2005年感动中国人物"获得者洪战辉也说过:"苦难本身不是财富,没有人喜欢苦难。但在战胜苦难中学会的独立生存、坚强和勇于承担责任才是最大的财富!"

只要你能够自立,想要在世界上显出自己的真面目,就要一往无前地朝着成功与富裕之路迈进,世界上没有一件东西,可以推翻我们的这种决心时,就会发现,从这自尊心与自信心中,可以获得无穷的力量。

罗马纳·巴纽埃洛斯是位墨西哥姑娘,16岁就结婚了,婚后生了两个儿子。后来,丈夫离家出走,罗马纳独自一人养活两个孩子,生活过得非常艰辛。但是,她决心谋求一种令她自己及两个儿子感到体面和自豪的生活。

她用一块头巾包起自己的全部财产,去了美国,在得克萨斯州安顿下来,开始在一家洗衣店工作。那时候,她一天仅赚1美元,但她从没放弃让两个儿子过上受人尊敬的生活梦想。

于是,口袋里只有7美元的她,带着两个儿子乘公共汽车来到洛杉矶寻求更好的发展机会。她在那里找到什么活就做什么，只要能挣到钱就行。

等她存够了400美元的时候，她和她的姨母共同买下一家带有一台烙饼机、一台小玉米烙饼机的店。她与姨母共同制作的玉米饼非常成功，后来还开了几家分店。直到最后，姨母感觉到工作太辛苦了，罗马纳便买下了她的股份。不久，她经营的小玉米饼店铺成为全美最大的墨西哥食品批发商，拥有员工几百人。

后来，她还和许多朋友在东洛杉矶创建了"泛美国民银行"。这家银行主要为美籍墨西哥人所居住的社区服务。如今，这家银行取得伟大成就的故事在洛杉矶已被传为佳话。后来，她的签名出现在无数的美国货币上，她成为美国的财政部长。

许多人都是贫穷的孩子，但不是可怜的对象。你也能够通过自立自强、顽强拼搏来获得财富，实现富人梦。

你还在贫穷，是因为你没有尽最大的努力走出困境、摆脱贫穷。大部分贫困者的通病，是他们没有建立可以脱离贫穷的自信和独立的意识。他们已经同贫穷妥协，以贫穷为他们应有的命运。

能够自立的人看来，贫困可以磨炼一个人的性格，使自己坚韧不拔、持之以恒。不能自立的人看来，贫困是一个深不可测的井，自己只能站在井中央看着头顶那一小块天空。在自立自强的人看来，贫困是激发他们向上的催化剂，不断与生活和命运抗争，成为生活中的强者。可是在不能自立的人看来，贫困是一个枷锁，让他们不得不放弃努力，不得不唉声叹气。

第二课

努力，愿你的青春不负梦想

每个人内心深处都有一个"哈佛梦"。对于每一个渴望成功的人而言，哈佛不仅是一所名校，更是一种精神的指引。

年轻赋予了你勇往直前的资本

> 年轻人最需要的就是一个人过一段沉默而执拗的日子，沉浸在充满力量的奋斗中。
>
> ——哈佛箴言

越来越多的年轻人为了梦想而离家远行，北上南下寻找人生方向，于是有了"北漂"或"海漂"。每一个漂泊者都有自己的故事，或许充满荣光，或许饱含辛酸，又或许平平淡淡。但无论结局如何，他们都很少后悔自己的选择。

与其每天在家里打游戏、上网聊天，守着一份"撑不着饿不死"的工作享受安逸，不如趁年轻出去闯一闯。人生最痛苦的就是后悔当年不曾为了梦想而勇敢地闯荡，最遗憾的便是不曾为了未来而放手一搏。年轻人最需要的就是一个人过一段沉默而执拗的日子，沉浸在充满力量的奋斗中。对年轻人来说，磨砺才叫生活。

新东方创始人俞敏洪曾经这样说道："我发现成功人士都有一个特质，就是不安分，敢于闯荡。比如我父辈当中的很多成功者，都是随着改革开放放弃了原来的铁饭碗，只身闯荡江湖的。但这绝对不是什么'懂得放弃'的精神，而是因为他们不安分，不满足于眼前安稳的现状，我就遗传了这样的不安分基因。

"我不喜欢按部就班的生活，安逸让我心里不安分。其实北大已经给了我很大的自由，因为一周上课才8小时，这之外就全是你的时间，每个月的奖金和工资还照拿，基本就是挺安逸的。要按这个走下去就是一个挺安定的生活。但后来我又想这不太符合我的个性。因为我在外面尝到了甜头，看到我在外面一个月可以上出北大十个月的工资，这样心里就不安分了。"

就这样，从北京大学辞职的俞敏洪顶着寒风、冒着烈日，骑着自行车在北京的大街小巷里贴小广告，在一座漏风的违章建筑里创办起了新东方英语培训学校。

后来，新东方成功登陆美国主板证券市场，俞敏洪身价在一夜之间飙升至2.42亿美元。

风险与机遇并存，机遇与风险同在。年轻时，如果总是怕失败、怕风浪，躲在家里，就永远也不会碰见机遇。闻名世界的石油大王洛克菲勒就是在风险中抓住机遇的。

在美国南北战争前，时局动荡不安，各种令人不安的消息不断传出。人们都在忙着安排自己身边的事情，忙着守护自己的家庭和财产，洛克菲勒却在思考如何从战争中获取附加利益。"战争会使食品和资源匮乏，会使得交通中断，使得商品市场价格急剧波动。"他想，"这不是金光灿烂的黄金屋吗？走进去，一会定满载而归的。"

那时候，洛克菲勒仅有一家小经纪公司，他决定豁出一切去拼一下。在没有任何抵押的情况下，洛克菲勒用他的设想打动了一家银行的总裁，筹到了一笔资金。然后，他便开始了走南闯北的生意之路。一切都如他预想的那样，第4年，他的经纪公司的利润已经是预付资产的4倍。在第一笔生意结账后不到半月，南北战争爆发了，紧接着，农产品价格又上升了好几倍。洛克菲勒所有的储备都为他带来了巨额利润。

经过了这件事，洛克菲勒记住了一个秘诀："机遇就在于动荡之中，关键在于敢于投身进去拼搏闯荡。"

哈佛管理学院的学者说："趁着年轻出去闯一闯吧，世界上最悲惨的事情莫过于年轻人总安于现状地宅在家里不思进取。"满足于平庸生活的人是可悲的。当一个人满足于现有的生活时，他已经开始退化了。敢于闯荡的人总会发现一些新的东西，或者创造一些新的东西，并且总能想到别人想不到的地方。敢为天下先，这是成功的必要精神。

待在家里的生活可能会很舒适，但那是老年人喜欢的事情，青春是用来制造回忆的。正如一首歌曲所唱："再不疯狂我们就老了。"每个人的人生有限，希望你能在宝贵的青春里作出值得回忆的事。

像分配财产一样来计划你的生命

时间比任何商品都更有价值，因为它是无价的。

——哈佛箴言

"好无聊啊。""真没意思，不知道干什么。"你是不是经常发出这些感叹呢？那么，不妨作一个关于生命时间的计算：

假设一个人能活80岁，每天睡觉8个小时，一生将有233600个小时用在睡觉上，大约是9733天，合26年7个月。那么，这个人还剩下53年又5个月的时间做其他的事情。

假设他每天吃早饭、午饭各用去30分钟,吃晚饭用1个小时。这样,每天用于吃饭的时间就是2个小时,80年将在吃饭上用掉58400个小时,合2433天,相当于6年又7个月,那么这个人还剩下46年又10个月。假设这个人每天用于个人卫生的时间是一个小时,80年又将用掉3年又4个月,这样人还剩下43年又6个月的时间。再减去每天用于休闲、娱乐的时间是3个小时,80年将耗掉87600个小时,也就是整整10年的时间。那么,这个人还剩下33年又6个月的时间。再假设他每天在上班途中、购物上用的时间为3个小时,80年就意味着另外一个10年的耗费,这样只剩下了23年又6个月的时间了。再减去他每年用在旅游、度假、生病等事情上的时间为15天,那么80年就是1200天,也就是3年又3个月,这样还剩下20年又3个月。一个寿命是80岁的人,大约只有18年又1个月的时间用来投身自己喜欢的事业。

所以,一个人一生的时间并不是很多,一寸光阴一寸金,寸金难买寸光阴。所谓的"穷忙族"可能比以往任何人都更忙碌,工作也更辛苦,往往是随意挥霍时间的原因。对时间进行一下有效控制或有效管理,你就会"忙而不穷"。

商界精英鲍伯·费佛的每个工作日里的第一件事,就是将当天要做的事分三类:第一类是所有能够带来新生意、增加营业额的工作;第二类是为了维持现有的状态或使现有状态能够持续下去的一切工作;第三类是必须去做但对企业和利润没有任何价值的工作。

在完成所有第一类工作之前,鲍伯·费佛绝不会开始第二类工作,而且在全部完成第二类工作之前,绝不会着手进行任何第三类的工作。"我一定要在中午之前将第一类工作完全结束。"鲍伯给自己规定。因为上午是他认为自己最清醒、最有建设性的时间。

"我必须坚持养成一种习惯:任何一件事都必须在规定好的几分钟、一天或一个星期内完成。每件事都必须有一个期限。如果坚持这么做,你就会努力赶上期限，而不是无休止地拖下去。"鲍伯说这是期限紧缩的真正价值。

鲍伯·费佛真正地做了时间的主人，那么又有多少人能做到呢？高尔基曾说过："人从他出生的那天起，就一天天接近死亡。"人的一生是有限的，时间总是在不断减少和失去，你无法创造，也无法花钱去买。在日常生活中，人们常说自己花了多少时间去做某件事。而实际上，时间恰恰比任何商品都更有价值，因为它是无价的。

法国著名科普作家凡尔纳每天早上五点钟就会起床，然后一直伏案写到晚上八点。在这15个小时中，他通常只在吃饭时休息片刻。但是他并不与家人坐在一起吃饭，通常都是妻子给他送到他写作的地方，他搓搓酸胀的手，拿起刀叉，以最快的速度填饱肚子，抹抹嘴，又拿起笔。

他的妻子看他如此辛苦，就非常心疼地问："你写的书已不少了，为什么还抓得那么紧？"凡尔纳笑着说："你记得莎士比亚的名言吗？放弃时间的人，时间也放弃他。哪能不抓紧呢？"

在几十年的写作生涯中，凡尔纳的笔记有上万册，写了104部科幻小说，共有七八百万字，这是一个相当惊人的数字。一些感到惊异的人悄悄地询问凡尔纳的妻子，想打听凡尔纳取得如此成就的秘诀。凡尔纳的妻子坦然地说："秘诀就是凡尔纳从不放弃时间。"

许多人都认为，人与人之间之所以有穷有富，完全是因为环境、机遇、能力及性格等方面的差异造成的。然而，正如著名的物理学家爱因斯坦所说："人的差异在于利用空闲时间。"

著名的麦肯锡公司曾进行过一个调查，清晰地向世人展示了人们空闲时间的秘密。这份抽样调查表明：美国城市居民每周平均每日工作时间为

5小时1分；个人生活必需时间10小时42分；家务劳动时间2小时21分；闲暇时间6小时6分。四类活动时间分别占总时间的21%、44%、10%、25%。每一天，人们就是这样度过的。10年来，人的闲暇时间增加了69分钟，闲暇时间占到一个人生命的1/3。

这个调查还显示，高学历者的终生工作时间是低学历者的3倍，平均日学习时间为50分钟，收入是低学历者收入的6倍以上。由此可见，学历越高，越重视时间的利用，越能赚取财富。

古今中外，凡在事业上有所成就的人，都有一个成功的诀窍："变等待为行动。"他们中没有一个人喜爱清闲、贪图安逸。

澳大利亚著名生物学家亚蒂斯十分珍惜自己有限的时间，为自己定下了一个制度：睡觉之前必须读15分钟的书。不管忙碌到多晚，哪怕是清晨两三点钟，他进入卧室以后也一定要读15分钟的书才肯入睡。这个制度他整整坚持了半个世纪之久，共读了8235万字、1098本书，最终变成了文学研究家。

通过充分利用每一分钟的空闲时间，每个人都可以从根本上改变自己的命运。虽然每个人因为职业与习惯的不同，业余的空闲时间的多少不同，但主要的空闲时间大同小异。

兴趣是努力的方向

如果你迷茫，那是没有找对未来的方向。慢下脚步，才能知道你真正想要的。

——哈佛箴言

人应该学会让自己换一种活法，不为他人的言语和决定而改变自己的意愿，人生自会惬意无比。因为喜欢，所以快乐，沉醉其中而乐此不疲。金钱和名誉，都是可有可无的附加值。若是束缚太多，无法做自己想做的事，久而久之一定会身心疲惫、无所适从。著名作家略萨曾说："我敢肯定的是，作家从内心深处感到写作是他经历过的最美好的事情。因为对作家来说，写作是最好的生活方式。"

小时候，她不喜欢跳舞，可在父母的严厉要求下，她还是硬着头皮学了。这一跳，就是15年。

高考时，她想报考旅游英语。在家人的强烈反对下，她上了一所护士学校。后来，她在市区的一家医院当了一名护士。

工作后，她交了一个军官男友，父亲却不同意。抵抗不过父亲的百般阻挠，她最终还是妥协了。在亲戚的介绍下，她和一个医生结婚了。

结婚后，她和丈夫本来有自己的一套房子，可公婆非要他们搬过去一起住。她知道婆婆是个挑剔的人，本不想每天住在一起，怕生出什么矛盾，自己不开心，也惹得婆婆生气。可经不住丈夫的劝说，她还是强颜欢笑地和公婆住到了一起。

在别人眼里,她是幸福的。多才多艺,样貌出众,嫁了一个家境好的丈夫,还有公婆帮忙料理家务。这样的生活,多少女人求之不得。可是,她内心更多的是心酸苦楚。

30岁生日的那个深夜,她想到自己过去的这些年里,似乎每一次重要的决定都是别人替自己拿主意。人生仿佛不是她自己的。那个做义工行走世界的梦想,那个曾在雨中为她撑伞的恋人,一切的一切,都成了无法触摸的梦。她背对着丈夫,流下了一行行眼泪。

世界上有很多概念都是互相矛盾的,有时会使你陷入两难的抉择。这个时候,选择的结果很难以对错来评价。人生若是一条路,选择就是岔路口,无论你怎样选,最终的终点都一样。当然,你的选择会改变你的人生。

两个男孩在厕所中相遇,一个男孩找另外一个戴帽子的男孩借了点手纸。出了厕所之后,两个人边走边聊。

戴帽子的男孩说:"我最近很郁闷,家里人一直逼着我学钢琴,可我怎么也弹不好。"

借手纸的男孩说:"弹钢琴一点都不难。我5岁就开始弹了,可烦恼的是家里人总逼着我写诗。天啊,我怎么写得出来?"

戴帽子的男孩一听,笑着从包里拿出了一沓稿纸,说:"这个给你吧。拿回去交差。我最喜欢写诗。"

前述故事中的那个不爱学琴的男孩,正是大诗人歌德;而那个不爱写诗的男孩,则是音乐家莫扎特。他们面临的选择显而易见,那就是自己的梦想和家人的期待。若是你,你会怎样选?选择他人的期待在大部分人眼中都是最保险的做法,不会冒风险。因为那些对你有所期待的人总比自己多些经验,至少是站在客观的角度来看待自己的。可是哪一种成功不需要冒险呢?若是歌德弹琴、莫扎特写诗,那么他们就永远成为不了轰动世界的人,因为他们的选择违背了自己的梦想。

人,一定要做自己喜欢、想做的事,如此才能够快乐。或许,在此过程中会遭到周围的人或环境的阻碍,但你不该就此放弃自己的意愿,有些事一拖延可能就是一辈子。

日本最年轻的临终关怀主治医师大津秀一,在多年行医的经验基础上,在亲自听了1000例患者的临终遗憾后,写下《临终前会后悔的25件事》一书。其中有很多条都涉及"没有做自己",比如,没做自己想做的事,被感情左右度过一生,没有去想去的地方旅行,没有表明自己的真实意愿,等等。

说到底,人之所以会作保守的选择,是因为怕失去。但想想看,人总会离开这个世界,却什么也带不走。若是曾经追求了梦想,至少还有回忆,而不是悔恨。人生重在体验,而不是手里有什么。你若是真的爱自己,就该为自己的梦想而拼搏,不留任何遗憾。

总会听到有人抱怨,如果当初怎样怎样,现在就能如何如何。可是,时间的大门一旦关闭就不可能再开启,人生就是一场单程的旅途,没有回头的路。生活太累,太多遗憾,就是因为给了自己太多束缚,不敢打破规则,追求最初的梦想。学会把自己的感觉叫醒,放开心胸,放下种种担心和顾虑,勇敢地向着梦想前进。无论别人如何看,你都可以过得很快乐,因为这才是你真正需要的,才是真正属于你的人生,属于你的幸福。

趁着自己还没有麻木,赶紧去看看自己最初的梦想吧。若不去闯,那么它就是你一辈子的梦想；若是去做了，那么梦想也许会照进现实。人生太短暂，时间不等人，有些事情现在不做，就再也没有机会做了。问问自己的心，去爱自己真正爱的人，去做自己想做的事，走向最期待的未来。

没有理想就学不会飞翔

世界上最快乐的事，莫过于为理想而奋斗。

——哈佛箴言

海阔凭鱼跃，天高任鸟飞。许许多多的人都将自己不能成功的原因归结于没有一个好的平台，因为环境不佳，所以跳不高、飞不远。认为不是自己不愿付出努力，而是始终都得不到一个飞翔的机会。

其实，每个人都蕴藏着"另一个自己"——那就是你的理想。理想就像是翅膀一样，你的梦想有多大，你的未来才有多宽广。

一天，一个调皮的男孩爬到父亲养鸡场附近的一座山上，发现了一个鹰巢。他从巢里拿了一只鹰蛋，带回养鸡场，并让一只母鸡来孵。于是，小鹰就在鸡群里慢慢地长大了。

起初，这只小鹰很满足，过着和鸡一样的生活。但是当它逐渐长大的时候，心里有一种奇特不安的感觉。直到有一天，一只雄鹰在养鸡场飞过，小鹰感觉到自己的双翼有一股奇特的新力量，感觉心猛烈地跳着。它昂首仰望老鹰的时候，一种想法出现在心中："我要飞上青天，栖息在山岩之上。"

它从来没有飞过，心情非常复杂。当它展开了双翅，飞过一座矮山顶时，它的内心更激动了。它想飞到更高的山顶上，最后冲上了青天，到了高山的顶峰。

高尔基说："一个人追求的目标越高，他的才力就发展得越快。"在自己的心目当中，你认为自己是什么，最终就会成为什么。

作为学者和商人的冯仑极为看重理想的价值。在多年的商业生涯中，冯仑多次谈到理想，并强调坚持理想是一切成功者共同具备的素质，商人也不例外。在大多数人看来，商人都是功利主义者，似乎与"理想"二字风马牛不相及。但实际上，冯仑通过自己的体验和观察发现，所有成功的商人都是有理想的，甚至可能是理想主义者。

事实证明，这个观点是有根据的。比如，同为房地产商的王石，曾明确表达过对于"成功要素"的理解："第一个是要有理想主义，至于做什么是其次的；第二个要有现实主义；第三个要脚踏实地。"在王石看来，理想是一种尚未实现的愿望，它可以使人处于一种状态，这种状态似乎不太现实，但你又不得不想着它。

冯仑对于理想的理解是，一个人如果没有了理想，就会丧失前进的动力。理想是一种力量，可以转化为乐观主义的精神和无限的毅力。

冯仑这样写道："许多成功的人都是乐观主义者。乐观来自哪儿？主要是有一个信念，看到未来理想实现时的光芒。登山中，你一看到山顶的时候，脚下的每一步艰辛都认为是值得的。理想可以转化为一个人乐观主义的精神和无限的毅力。"

在冯仑看来,人的一生有两个时间段很重要,15~20岁确定自己的理想,决定你想做个什么样的人,内心的英雄目标是什么。20~25岁扎堆交友,开始进入社会,你跟什么人在一起会决定你的一生。在这两个时间段,第一阶段毫无疑问更为根本,对于人生的大方向起到了基础的作用。理想的确定,就像是确定人生海洋中的航标,不管中间经历多少跌宕起伏、千回万绕,都会向着这个航标前进。

美国心理学家佛隆有一个著名的"期望理论",即:激励力量=效价期望值。这一理论的基本观点是,人们有了某种需要,就会产生一定动机,进而引起行为去实现目标。当目标还没有实现的时候,这种需要就会变成一种期望,而期望本身就是一种强大的力量。

巨大的能量来自于每一个微小的阻力

一无所有往往是迫于无奈,你终有一天能通过自己的努力和奋斗走出困境。

——哈佛箴言

小小的水滴力量微弱,可在长年累月的坚持下,它能滴穿坚硬的石头。人可以脆弱,但不能一直脆弱。在困难面前,你可以恐惧,但不能退缩,要有水滴一样的韧性,追随着自己的内心,在时间的跑道上,不抱怨、不放弃,最终走到心中的目的地,与最好的自己相遇。

读过《致加西亚的信》这本书的人,一定对故事中的主人公罗文记忆犹新。书中讲到，罗文接受了一个任务——给加西亚将军送信，可是谁也不知道加西亚将军在什么地方、如何才能联系上将军、怎样才能到达。面对这样的难题，罗文没有多想，他努力去执行这个看似不可能完成的任务，历尽艰辛地把信送达了目的地。至于罗文在徒步三周、历尽艰险、走过危机四伏的国家的过程中是否抱怨过，人们不得而知，书中也没叙述。但可以确定一点："如果没有执着和坚持，在困难重重中，罗文肯定是完不成任务的。"

世间最容易的事是坚持，最难的也是坚持。说它容易，是因为只要心中有信念，每个人都可以做到；说它难，是因为能够坚持下来并给梦想足够时间的人太少。

没有什么事能够随随便便成功，没有挫折和努力的终点不是尽头。人可以平凡，却不能平庸，即便你没有鸿鹄之志，但也该有自己的打算。不懂为自己的明天努力的人，最终只能和未来的美好无缘相遇。有时，只需要一些坚持，你便能发现人生的奇迹。

有一位著名的推销大师，一生中取得了无数辉煌成就。年老的时候，他不再致力于推销各种商品，而是四处演说，传授推销技巧。

有一次，他接受邀请，进行一场演说。人们早早地坐进了会堂，等候推销大师的到来。

帷幕拉开时，人们看到舞台的中央摆放着一个架子，架子上吊着一个巨大的铁球。推销大师走上台后，向人们鞠了一躬，台下响起了热烈的掌声。接着，大师邀请了两位强壮的听众，给了他们两个大铁锤，让他们对着铁球敲，直到铁球能够荡起来。

刚开始，这两个听众信心满满，毕竟他们有的是力气。可奇怪的是，他们用力地敲过去，铁球纹丝不动，还将他们的手臂震得发麻。不管他们怎样用力，铁球就是不动。最终，两个听众回到了听众席。推销大师没有说什么道理,只是从口袋里掏出了一个小铁锤,然后对着铁球轻轻地敲了一下。停顿过后,他再次用小铁锤击打铁球。就这样,他敲一下,停一下,整个过程持续了整整40分钟。

最开始的10分钟,人们还很淡定。20分钟过去后,一些人看上去有些浮躁。30分钟过去后,整个会场都开始骚动。40分钟后,有个坐在前排的人突然说道:"铁球动了。"

这时,整个会场瞬间安静下来,人们聚精会神地观察铁球。这个球虽然摆动的幅度很小,但是仔细观察就会发现它确实在动。即便这样,大师仍旧没有停下来,依然敲打着铁球。最终,铁球越荡越高。这位大师指着晃动的铁球说:"成功就是简单的事情重复去做。以这种持续的毅力每天进步一点点。当成功来临的时候,你挡都挡不住。这就是所谓的铁球效应。"听后,全场爆发出热烈的掌声。

任何成功都不是一蹴而就的,而是积累而来的。没有人能够一步跨过沧海,但是只要有一叶扁舟,就能助你到达成功的彼岸。当然,关键在于你是否懂得坚持。

坚持是一种不放弃的决心,说来简单做来难。正是因为如此,能够品尝到成功滋味的人只是极少数。努力的人不一定能成为伟人,但一定不会成为庸人。你是自己人生的创造者,这种喜悦是别人羡慕不来的。

人生的成功贵在争取,不论生活给了你怎样的磨难,只要坚持不懈,成功一定会对你露出笑脸。

努力奋斗,你也可以创造奇迹

名人是在创造奇迹之后才被人们关注的。在这之前,他们与普通人没有任何区别。

——哈佛箴言

奇迹不是瞬间创造的,而是在无数次的奋斗中争取来的。也许一个人奋斗的理由很平庸,但是这依然无法阻止在奋斗中诞生的奇迹。正如居里夫妇获得的诺贝尔奖,他们创造奇迹不是为了得到荣誉与奖章,而是生活的乐趣,在快乐的生活中最容易创造成功的奇迹。

在人们眼中,什么样的人才能创造奇迹,什么样的人才有机会成为举世瞩目的英雄?必然是那些继往开来的历史人物,是那些改变自己和他人命运的成功者。然而,这一少数人群是在创造奇迹之后才被人们关注的。在这之前,他们与普通人没有任何区别。

可以说,成功者引领着时代与潮流的发展,大多数人所作出的改变也只是跟从。每个人都有创造奇迹的可能,每个人都具备创造奇迹的能力,你需要做的就是想着我们的梦想不断奋斗。

历史是在奇迹中改变的,然而,现在有很多人不相信奇迹,而是选择服从命运。在这些人看来,奇迹非常遥远,也并不重要,甚至与自己无关,只要守好自己的一亩三分田,温饱一生足矣。

有人认为拿破仑是一位天生的领袖,因为他可以在举手投足间就改变一支军队的思想。这份自信来源于他坚持如一的信念,来源于他长期不断的奋斗。

拿破仑的一生中就创造过无数的奇迹。1814年,第6次反法联盟占领了巴黎。同盟军要求法国立即无条件投降,并威胁拿破仑必须退位,否则处以极刑。

退位后的拿破仑被流放到了地中海的一个小岛上,在这里待了一年多的时间才成功地逃了出去。千辛万苦逃出小岛的拿破仑带领着1000人的队伍又重新返回了法国。听到这个消息后,当时的法国国王路易十八马上派出了大军去捉拿拿破仑。当这则消息传出之后,随从马上劝拿破仑赶快带领队伍到其他国家躲一躲,等风声过去后再伺机回国。

没想到拿破仑说:"我为什么要逃跑呢。我是他们的领袖,他们是我的士兵,为何领袖见到士兵要逃跑呢?"正是带着这种信心和执着,拿破仑带领队伍继续向巴黎行进,结果前来缉拿拿破仑的军队,却成了他的随从。

路易十八万万没有想到,当拿破仑再次回到巴黎之时,已经是带领着14万正规军和20万志愿军的首领人物了。路易十八慌忙逃跑,拿破仑再次登上了皇位。

在拿破仑的内心中,自己永远是一个王者。即便是在被流放的阶段,拿破仑在小岛之上仍然保持着皇帝的称号,并且思考着如何重新登上法国皇帝的座位。在这种坚定的信念下,拿破仑的每一项举措都带着明确的目的性,并且他在思想深处认定自己绝对可以重新拿回失去的一切。

在奇迹创造者的眼中,他们并不是在创造奇迹,而是在完成一项工作或实现自己的梦想。甚至,他们创造奇迹并不是梦想的重点,只是一个过程。他们不在乎过程中赢得了多少荣耀,赢得了多少赞赏,因为这些在他们的心中已然不重要。

　　非洲大草原上生活着猎豹和羚羊，它们是世界上奔跑速度很快的两种动物。猎豹可以称为羚羊的天敌，因为猎豹在短距离内速度是大于羚羊的。有一次，一只猎豹想要捕获一只羚羊。于是，它潜伏在草丛中，悄悄地靠近羚羊，并出其不意地跳了出来，一下子抓伤了羚羊的后背。然而，当它落地时，不小心摔倒了，羚羊趁机开始逃跑，猎豹马上跳起来追赶。但是追赶了一段距离之后，猎豹发现这只羚羊总是用矮树丛和石堆影响自己的抓捕。这时，猎豹已经开始急促地喘气，于是想："我们的急速奔跑距离非常有限。如果再这样下去，我很有可能把肺部撑破，看来这只羚羊是追不上了。"果然，这只羚羊最后逃脱了。

　　猎豹十分沮丧，去请教一位有着丰富抓捕经验的前辈，如何才能提高自己的狩猎成功率。当这位前辈听到它已经把羚羊抓伤却让羚羊逃跑的事后之后非常诧异，对猎豹说道："对于狩猎我没有任何秘诀，因为我的抓捕方法和你们是一样的。但是我和你的想法不同，每当我成功地靠近猎物之时，就已经把它认定为食物了。因为我们跑得比它们快，它们是没有理由逃脱的。"

　　这只羚羊回到羊群之后也得到其他羚羊的赞赏，因为大家都认为它可以从猎豹口中逃生简直是一个奇迹，纷纷询问它逃生的方法。这只羚羊却说道："当猎豹抓伤我摔倒的时候，我认为这是上天赐予了我一次重生的机遇。既然我有了这次机会我就不能放弃，我就一定可以成功。于是，我拼命地跑，并且用矮树丛和石堆躲避猎豹的扑咬，所以我成功了。"

　　创造奇迹的人必定拥有足够的自信，如同羚羊一样，抓住机遇拼命奔跑；如同有丰富经验的老猎豹一样，只要能够靠近猎物就认定自己一定能成功。

　　哈佛大学研究发现，每一个创造奇迹的人有一个共同点：他们注重的是过程而不是结果。虽然结果可以令自己产生奋斗的动力,但是过程更重要。过程是一种享受,是一种经验积累。只有重视过程的人才能获得成功,而忽视过程的人往往会失败。

创造奇迹的力量来源于平凡中的不懈努力、沉淀、积累,然后爆发。创造奇迹的人可以是世界上的每一个人,只要学会奋斗,那么奇迹离你就不再遥远。

为什么不去尝试改变和适应

人和其他生命的最大不同之处,在于人懂得利用自己的力量去改变所处的环境,而不是一味地屈服和等待外来的帮助。

——哈佛箴言

如果高低贵贱都由天注定,世人拼搏的意义何在?只靠幸运女神的眷顾,又有多少人会停滞不前?漫步人生路,你会发现命运并非无处可觅,它就藏在你的手中。

昔日穿着同样校服的同窗,几十年后再聚,有人完成了儿时的梦想,事业有成;有人则还原地踏步,勉强打工糊口。面对这样的差距,常有人自我安慰地感叹一句:"没办法,谁让我没遇到伯乐呢。"

有句话说得好:"天助自助者。"人生的方向盘掌握在自己手中,若自己都不对自己的人生负责,做出足够的努力,又怎能指望别人出手相助呢?

拿破仑在一次去郊外打猎的途中，突然听见不远处的河里有人喊救命，便快步走到河边。只见一个男子在水中拼命挣扎。

拿破仑看了看，这河并不宽。他不但没有跳下河去救人，反而端起猎枪对准落水者，大声喊道："你若再不自己游上来，我就把你打死在水里!"说着，竟真朝水中离那落水者几米远的距离开了两枪。

那人见拿破仑要用枪杀死自己，吓得脸色惨白，顿时什么都不顾，奋力自救，终于游到了岸边。

身边的随从脸色不禁有些难看，小声嘟囔着："这也太残忍了，连一点爱心都没有。"

此时，拿破仑心平气和地对随从说："我之所以拿枪逼迫让他自己游上岸来，是想告诉他，自己的生命本就应该自己负责。"

每个人都有可能掉入人生的河流之中，所遭遇的种种困难和挫折就是外界加诸身上的泥沙。与其悽惨地号叫、抱怨命运的不公或是渴望他人的怜悯和帮助，不如换个角度来看，把它们当作一块块的垫脚石。只要坚持不懈地将它们抖落掉，然后站上去，那么即使是掉落到最深的井里，你也依然能走出枯竭之境。

从更广义的范围上来说，自救也是"物竞天择，适者生存"的自然要求。如果适应不了大环境，最终只能像恐龙那样被淘汰。也就是说，自救是一个不断改变、进化的过程：在审时度势的基础上，最大限度地与周围的事物、人或自然去磨合，抓住求生点，从而转换局势。

每个人遇到各种苦难或厄运的概率是相同的，不同的是各自对待困境的态度。坚韧不拔的信念和希望让人们创造出奇迹，他们深知身处逆境的第一时间，救世主只能是自己。

　　从前，有个放牛娃上山砍柴，突然遇到老虎袭击。放牛娃吓坏了，他拔腿就跑。然而，前方已是悬崖，后面是老虎一步步地逼近。

　　为了生存，放牛娃决定和老虎搏斗。就在他转过身面对张开血盆大口的老虎时，不幸一脚踩空，向悬崖下跌去。千钧一发之际，他抓住了崖壁上生长的一棵小树。放牛娃暂时松了口气，但想到自己的处境，又禁不住绝望地哭了起来。上面是饥肠辘辘的老虎，下面是阴森恐怖的深谷，四周是悬崖峭壁，即使有人来了也无法救助。

　　这时，他一眼瞥见对面山腰上有一位老人，便高喊救命。老人发现放牛娃后，叹息了一声，冲他喊道："我也没有办法呀。看来，只有你自己才能救自己了。"

　　放牛娃一听这话，哭得更厉害了："你看我这副样子，怎么可能自己救自己呢？"

　　老人说："你与其那么死揪着小树等着饿死，还不如松开手，那毕竟还有一线希望呀。"说完，老人走开了。

　　放牛娃不禁又哭了起来。渐渐地，天快要黑了，悬崖上的老虎还是不肯离开。放牛娃又饿又累，抓小树的手也快没力气了。他想起了老人的话，觉得也有道理。现在除了靠自己还能靠谁呢？等待下去，只有死路一条，而松开手落下去，也许就会获得生存的可能。

　　于是，放牛娃停止了哭喊。他艰难地扭过头，选择坠落的方向。他发现悬崖下似乎有一小块绿色，会是湖面吗？如果是湖面，也许跳下去后不会摔死。他告诉自己，怕是没有用的，只有冒险试一试才能获得生存的希望。

　　就这样，放牛娃咬紧牙关，双脚用力一蹬崖壁，松开了紧握小树的手，身体飞快地向下坠落，耳边的风声呼呼作响。他很害怕，但告诉自己绝不能闭上眼睛，必须睁大眼睛，尽量调整自己落地的地点。奇迹出现了，他落在了深谷中唯一的湖水中，被在岸边农作的乡亲们救了回去。

人和其他生命的最大不同之处,在于人懂得利用自己的力量去改变所处的环境,而不是一味地屈服和等待外来的帮助。不只在遭遇困境时懂得靠自己抗争和自救,追逐梦想、建立事业、经营感情等,都要明白救命的稻草掌握在自己手里。不要一味环顾左右,更不要一味等待伯乐出现,而应埋头沿着自己的跑道一步一步扎扎实实地前进,才能建立起自己坚不可摧的人生堡垒。

人生掌握在自己手中,当你觉得"梦想遥不可及"而原地踏步的时候,别人已经在一步步攀爬通往成功的高峰。也许有人相助,你可以将那段长路走得更快、更轻松。可是你不知道,你等待别人帮忙的时间,是否已足够让你用自己的努力登上成功的顶峰,摘下甜美的果实;你更不会知道,你荒废时间的等待最终是否能换来伯乐的惠顾。

哈佛大学认为,从一开始就不要去期待会有别人来帮你度过自己的人生,从一开始就靠自己的双腿毫不犹豫地向人生的顶峰攀登。别人的帮助也许可以帮你较快地逃离暂时的不幸,可是人生的漫漫长路只有依靠内心的坚定和力量才能从开始走到终点。

救命的稻草不在别人手中,只有那些懂得靠自己去应对困难并靠自己去追求梦想的人,才能在这场名为"人生"的攀登之中,以从容和机智收获最终的绝顶风光。

第三课

你一定要努力，但千万别着急

哈佛人提醒，做事若急于求成，就会像饥饿的人乍看到食物，狼吞虎咽，反而会引起消化不良。请记住，你一定要努力，但千万别着急。

成功就是慢慢地磨

急于求成的结果，只能适得其反，结果只能功亏一篑。

——哈佛箴言

渴望成功的心态谁都能理解，但是成就一番事业并不容易，不要一开始就盯着成功不放。做事若急于求成，就会像饥饿的人乍看到食物，狼吞虎咽，反而会引起消化不良。

有一位禅师法号虚尘，平时以佛法度众，为人谦厚，深得民众拥戴。他每每开坛讲法，都听者众多。

有一天，一位小商人向虚尘禅师发火："我听了你的弘法后，顾客在逐渐增多，但为什么收入不能增加呢？"

禅师不急不躁，微笑着对这位商人说："有一棵苹果树，它接受了阳光、雨露、养料，春天花开，夏天结果，秋天成熟。成熟的时候，并非所有的苹果都会同时成熟。有些苹果早已熟透了，而有的苹果依旧青青待熟，并非它不会成熟，只是时间还没有到而已。"

商人醒悟过来，向禅师道歉后，便离开了寺院。

一年后，禅师收到这位商人的一个大红包。他在信中说自己的生意红红火火，以致没有时间亲自到寺院致谢，只好托人送礼以表谢意。

太想赢的人，最后往往很难赢；太想成功的人，往往很难成功；太想到达目标的人，往往不容易到达目标。过于注意就是盲人，欲速往往不达，凡事不可急于求成。

相反，以淡定的心态对之、处之、行之，以坚持恒久的姿态努力攀登、努力进取，成功的概率会大大增加。

在山中的庙里，有一个小和尚被派去买菜油。出发之前，庙里的厨师交给他一个大碗，并严厉地警告他："你一定要小心，最近我们财务状况不是很理想，你绝对不可以把油洒出来。"

小和尚下山买完油。在回寺庙的路上，他想到了厨师凶恶的表情及郑重的告诫，越想越紧张。于是，他小心翼翼地端着装满油的大碗，一步一步地走在山路上，丝毫不敢左顾右盼。然而天不遂人愿，因为他没有向前看路，结果快到庙门口的时候，踩到了一个洞。虽然没有摔跤，碗里的油却洒掉了三分之一。小和尚懊恼至极，紧张得手都开始发抖，以至于无法把碗端稳。等到回到庙里时，碗中的油就只剩下一半了。

厨师非常生气，指着小和尚骂道："你这个笨蛋。我不是说要小心吗，为什么还是浪费了这么多油？真是气死我了！"小和尚听了很难过，开始掉眼泪。这时，一位老和尚走过来对小他说："我再派你去买一次油。这次我要你在回来的途中多看看沿途的风景，回来后把你看到的美景描述给我听。"小和尚很是不安，因为自己非常小心都还端不稳，要是边看风景边走，就更不可能完成任务了。不过在老和尚的坚持下，他勉强上路了。

这次，在回来的途中，小和尚听从老和尚的意见，观察沿途的风景。这时，他惊奇地发现山路上的风景如此美丽：远处是雄伟的山峰，山腰上有农夫在梯田上耕种，一群小孩子在路边快乐地玩耍，鸟儿轻唱，轻风拂面。

在美景的陪伴中，小和尚不知不觉就回到庙里了。当小和尚把油交给厨师时，他发现碗里的油装得满满的，一点都没有损失。

《揠苗助长》的故事中，农夫急功近利，反而适得其反，使他的苗全部死了。许多事业都必须有一个痛苦挣扎、奋斗的过程，正是这个过程将你锻炼得坚强无比。朱熹说："宁详毋略，宁近毋远，宁下毋高，宁拙毋巧。"对"欲速则不达"作了最好的诠释。

一次电视节目中，两名大学生滔滔不绝地向谈论自己的项目，其中一个大学生豪气冲天地说："给我投资1000万，明天就能分红，后天就能变成2000万！"

马云听后，并没有对他们表示赞赏，反而对他们说："如果我是你们。5年以内，我不会创业。我会去找一个公司，踏踏实实地工作5年。"

然后，马云给他们讲述了自己一段鲜为人知的往事。

20世纪80年代，马云就读于杭州师范学院，一心想做出一番宏图伟业。当老师显然与他创业理想差距很大，他感到颇为迷茫，于是来到校门口闲逛散心。有一次，他在校门口溜达，碰见了校长，便向校长诉苦："我希望能够自己去创业，当一名教师实在心有不甘。"

校长没有多说什么，只是要马云许下一个承诺："到某个学校去，5年不许出来。"马云并不懂得校长这么做的真实意图，但出于尊重，他答应了。

到学校教书后，一个月工资只有几十元钱。起初，马云勤恳工作。后来，一个巨大的诱惑摆在了面前——深圳一家单位邀请他加盟，月薪1200元。何去何从？马云想到自己的承诺，咬咬牙，坚持了下来。

第三年，海南一家公司开出月薪3600元，而学校还是几十元的工资。马云思忖再三，还是决定坚守承诺。就这样，他在学校里教了5年书，失去了很多眼前的利益，却得到一样让他终身受用的东西："懂得了什么叫作浮躁，什么叫作不浮躁。"

马云说："我就要让他们看看我是如何把这艘万吨巨轮（阿里巴巴）

从珠穆朗玛峰顶抬到山脚下。因为我沉得下来,我懂得怎么去把点点滴滴做好。"马云一步一个脚印,创造出阿里巴巴的神话,敲开了财富之门。

当今社会,很多初入职场的年轻人动不动就跳槽。他们觉得现有的工作不符合自己的价值观、志向和兴趣等,于是毅然跳槽。

这些年轻人中,很多其实都有自己远大的志向,唯一缺少的就是沉下心来,在工作中积累足够的经验,培养自己的能力,同时也让自己沉淀一下,拥有一个踏实的心态。只有沉得下去,才能"浮"得上来。

所有的攀登都从山脚开始

向山顶攀登的每一步都丈量着山峰的高度。在人类社会中,无数的渺小成就了伟大。

——哈佛箴言

征服了珠穆朗玛峰的人都在珠峰脚下迈出了第一步,从来就不曾有人一蹴登顶。事业上的成功也是一样,需要你脚踏实地。

现在的强者,何尝不是曾经的弱者?事实上,几乎所有人在刚开始工作的时候,都是从卑微的工作岗位做起的,这几乎是成功的定律。

现在,有很多有抱负的年轻人都希望通过自己创业,获得人生事业的成功,成为一个家财万贯的成功人士。这些人的起点可能比较低,但这并不意味着他们不能成功。"卑微"是指工作岗位的不起眼,而不是说人格卑微。也就是说，大部分人从事的可能是一个非常不起眼、不重要的职位，但这并不意味着要低人一等。没有人可以一步登天，都需要从微小的事情做起。

御手洗，佳能公司的开创者之一，他的第一份工作是北海道大学附属医院妇产科助手。

台湾商界巨人王永庆，是从茶楼跑堂做起的。

戴尔公司的创立者戴尔的第一份工作是在一家中国餐馆当小工。

鲁冠球，浙江万向集团主席，他的第一份职业是打铁。

横店集团董事长徐文荣和雅戈尔集团总裁李如成，都是农民出身。

飞跃集团董事长邱继宝和正泰集团股份有限公司董事长南存辉，都是摆摊修鞋出身。

胡成中，中国德力西集团董事局主席兼总裁，曾是一名裁缝。

郑元豹，人民电器集团董事长，13岁开始打鱼赚钱，17岁时又改行去打铁，后来当了工人。

郑坚江，奥克斯集团董事长，曾是一名汽车修理工。

汪力成，华立集团董事局主席，曾是丝厂临时工。

很多家喻户晓的成功人士都是从"不起眼"做起的。他们没有通向成功的直达电梯，只能爬楼梯，一步步爬向成功。他们最终成功了，无数的卑微成就了伟大，这就是成功的奥秘。

许多年前，一个妙龄少女来到东京帝国饭店当服务员。这是她涉世之初的第一份工作，她很激动，同时暗下决心：一定要好好干。然而令她想不到的是，上司竟然安排她洗厕所。

洗厕所这项工作，没人爱干。何况她从未干过粗重的活，细皮嫩肉，喜欢干净,干得了吗?洗厕所时,在视觉、嗅觉及体力上,她都难以承受,心理暗示的作用更是使她忍受不了。当她用自己白皙细嫩的手拿着抹布伸向马桶时,胃里立即翻江倒海,恶心得几乎要呕吐却又吐不出来,太难受了。而上司给定的任务是:必须把马桶抹洗得光洁如新。

她当然明白"光洁如新"的含义是什么,更知道自己不适应洗厕所这一工作。因此,她陷入困惑与苦恼之中,也哭过鼻子。这时,她面临着这人生第一步怎样走下去的抉择:是继续干下去,还是另谋职业?继续干下去——太难了。另谋职业——人生之路岂有退堂鼓可打?她不甘心这样败下阵来,因为她想起了自己初来时曾下的决心:人生第一步一定要走好,马虎不得。

正在她困惑的时候,同单位的一位前辈及时地出现在她的面前,帮她摆脱了困惑,帮她迈好了这人生的第一步,更重要的是帮她认清了人生路应该如何走。他并没有用空洞的理论去说教,只是亲自做了个样子给她看了一遍。他一遍遍地洗刷着马桶,直到马桶被洗得光洁如新,然后从马桶里盛了一杯水一饮而尽,没有丝毫勉强的表情。实际行动胜过万语千言。

她震惊了,从身体到灵魂都在震颤。她目瞪口呆,恍然大悟,并痛下决心:"就算一生洗厕所,也要做一名洗厕所最出色的人。"

从此,她开始认真地洗厕所,工作质量也达到了那位前辈的高水平。为了检验自己的自信心,为了证实自己的工作质量,也为了强化自己的敬业心,她淡然地喝下了洗刷好的马桶里的水。

她很漂亮地迈好了人生的第一步,踏上了成功之路,开始了不断走向成功的人生历程。

几十年光阴一瞬而过,1998年,她成为日本最年轻的内阁成员。她的名字叫野田圣子。

人生之路上必然是荆棘满地。想成功的人很多,但很多人缺乏行动的勇气和面对困难继续坚持的毅力。有千千万万的人都做着微不足道的工作，每天晚上都会设想自己成功的无数种可能。但是，他们总抱怨自己生不逢时，没有一份前途光明的工作，没有一个可以发展的平台，没有贵人相助。因此，他们天天向旁人倾诉着自己无比远大的理想，却重复着自己一成不变的工作和工作态度。

你要坚持，但不要执着错误的方向

只有经常调整自己的人生航向，不断修正自己前进的方向，才能充分认识到自己在社会上的价值，找准自己的位置。

——哈佛箴言

生活并不原谅盲目者，你越是绕圈子，得到的进步就越少。生活也一定会回馈不懈努力的人，只要你善于及时调整航向，坚持不懈地走下去，就一定能到达令人仰慕的成功彼岸。

欧洲有一位著名的登山运动员在阿尔卑斯山区失踪。当人们在13天后找到他时，发现他居然就在离最初失踪地点6千米远的地方。有人问他这些日子究竟干了些什么，他的回答则更让人吃惊："自从迷路之后，我每天依然保持走12小时的路程。当时，我一直认为，只要自己坚持走下去，不用几天就会走出山区。谁料到我竟会在原地绕圈子呢？"

盲目地绕圈子，在生活中并不鲜见。人们有时禁不住浮华世界的种种诱惑，抛弃了心中的理想，失去了奋斗的目标；有时沉浸在细微小事上，拘泥于陈腐教条，做事放不开手脚、迈不开步子；有时骄傲自满，夜郎自大，却成了井底之蛙，等等。这些都会成为人生道路上的十字路口，从而使你不知不觉地偏离方向和目标而步入误区。

船舶远航与飞机飞行，必须用高度精密的现代化仪器来指示方向，这样才能安全顺利地到达目的地。要实现自己的人生梦想，也应该经常调整航向，不断修正自己前进的方向。

应该学会冷静地审视自己，问一问自己的人生目标是什么，想一想这个梦想值不值得追求，符不符合社会需要，具不具备成功的可能。应该经常调整自己学习、工作和研究的方向。如果偏离了正确的人生轨道，就应该赶紧把自己往回拉一拉、拽一拽，保证始终为向往的事情而不懈努力、顽强拼搏。

生活非常像在大洋上航行的轮船，经常置身于海浪和海风之中，随时会被它们吹得偏离航道，事情永远不会按照你预想的那样发展。这时，你不要感到不安，看看你手中的地图，检查一下自己是否还在向着正确的方向前进，然后作必要的调整。

每个人都是一位船长，都在驾着自己专属的轮船航行。它受你控制，目的地由你来定，航线由你来选。但它并不是每刻都稳妥地待在既定的航线上，不可能不犯一些错误。人生就是如此，你要学会当自己人生的航海家，要学会在关键时候把握好自己，作必要的调整，才能抵达最终的目的地。

只有经常地酌情调整自己的人生航向，不断修正自己前进的方向，才能充分认识到自己在社会上的价值，找准自己的位置。千万不能为了赶潮流、凑热闹而迷失了自我。"跟着感觉走"是不行的，毫无激情、无可奈何地在人生航线上随波逐流，只能使自己的一生碌碌无为。

真正的聪明是不耍小聪明

聪明并不代表智慧,很多人在不同的方面都有些小聪明,但真正有大智慧的人寥寥无几。

——哈佛箴言

人有些小聪明是好事,但不应当将所有的希望和事物的成败都寄予自身的小聪明上。更多的时候,人们需要的是脚踏实地的努力,而不是投机取巧。

哲学家柏拉图和他的学生走在路上。这名学生是柏拉图的得意弟子之一,很聪明,总是能在很短的时间之内领会老师的意思;很有潜力,总是能提出一些具有独特视角的问题;也很有理想,一直希望自己能够成为像老师一样伟大的哲学家。所以,他常常自视聪慧,不愿意在学识上多下功夫,自认为聪明能敌过他人的努力。

柏拉图相信这名学生能够做出一番大事业,但是后者只看到大目标而不顾脚下道路的坎坷及自身的缺点。柏拉图一直想找一个合适的机会让学生自己意识到他的这一缺点。一天,柏拉图看到他们前面的不远处有一个很大的土坑,这个土坑周围有一些杂草,平常人们只要稍加注意就可以绕过这个土坑。柏拉图知道他的学生在赶路时经常不注意脚下。于是,他指着远处的一个路标对学生说:"这就是我们今天行走的目标,我们两个人今天进行一次行走比赛如何?"学生欣然答应,然后就开始出发了。

学生正值青春年少,步履轻盈,很快就走到了老师的前面。柏拉图在后面不紧不慢地跟着。柏拉图看到,学生已经离那个土坑近在咫尺了,他提醒学生"注意脚下的路",学生却笑嘻嘻地说:"老师,我想您应该提高您的速度了,您难道没看到我比您更接近那个目标了吗?"

他的话音刚落,柏拉图就听到了"啊"的一声叫喊,学生已经掉进了土坑里。这个土坑虽然没有让人受重伤的危险,但足以使掉下去的人无法独自上来。

学生现在只能在土坑里等着老师过来帮他了。柏拉图走过来了,并没有急着去拉学生,而是意味深长地说:"你现在还能看到前面的路标吗?根据你的判断,你说现在我们谁能更快地到达目的地呢?"

聪明的学生已经完全领会了老师的意思,羞愧地说:"我只顾着远处的目标,却没走好脚下的每一步路,看来还需要向老师虚心学习呀。"

哈佛大学指出,一个人拥有智慧的头脑是值得骄傲的,但是聪明并不代表着一切。聪明是天赋,是先天的优势,但是成功等于1%的天赋加上99%的汗水。倘若你比他人有天赋,那说明你比他人离成功更近,有更多的资本走上成功的捷径,但并不代表着成功。如果仅仅想要依靠天赋来成就一番事业,而不愿意脚踏实地,即使有再高的天赋也是无用的,因为成功还必须有付出和努力。

一个人如果把心思过多地用在小聪明上,必定没有精力去开发和培植他的大智慧。聪明和智慧是两个不同的概念,智慧有益无害,聪明益害参半,把握得不好的小聪明会贻害无穷。

拥有小聪明的人太多,往往急功近利,看不到长远的利益。相反地,具有大智慧的人很少会在众人面前炫耀自己的聪明才智,更不会自作聪明地干一些小事。真正的聪明者不需要通过投机取巧来加以表现,自作聪明者常常被自以为是的小聪明所拖累。

从前有个小男孩，非常聪明。在长久的夸奖声中，他渐渐地开始偷懒，想靠投机取巧来获得成功。

这天，小男孩有幸和上帝进行了对话。

小男孩问上帝："一万年对你来说有多长?"

上帝回答说："像一分钟。"

小男孩又问上帝："一百万元对你来说有多少?"

上帝回答说："相当一元。"

小男孩对上帝说："你能给我一元钱吗?"

上帝回答说："当然可以。请你稍候一分钟。"

一位哲人说过："投机取巧会导致盲目行事，脚踏实地则更容易成就未来。"成功需要智慧，更需要脚踏实地地付出。人要站得稳才会走得远，投机取巧走捷径或许在一时能得到好处，但是因为没有厚实的基础，脚步太过于轻快，导致的结果只会是在长途跋涉中落后于别人。前进的道路就在你脚下，只有实实在在地走好每一步，才能更接近成功。

世界上绝顶聪明的人很少，绝对愚笨的人也不多，大部分都是普通人。但是，为什么许多人都无法取得成功呢?

一个最重要的原因在于他们习惯于投机取巧，用小聪明来替代所必须要付出的心血，不愿意付出与成功相应的努力。人们都懂得"宝剑锋从磨砺出，梅花香自苦寒来"的道理。可是一旦摊上自己，马上就回到投机取巧的捷径上来了。

投机取巧会使人堕落，无所事事会令人退化，只有勤奋踏实地工作才是最高尚的，才能给人带来真正的幸福和乐趣。成功者的秘诀就在于他们能够摒弃投机取巧的坏习惯，无视那些小聪明，用自己的努力开创属于自己的辉煌。

"机关算尽太聪明，反误了卿卿性命。"聪明是好事，但要用在适当的地方,才能显示出其真正的价值,想投机取巧、不劳而获,小聪明只能把你带入失败的深渊。

人生中的弯路也是一段风景

走弯路并不可怕,可怕的是纠结的内心迟迟不能放下。

——哈佛箴言

品惯了茶或咖啡的人,会主动要求品尝苦涩的茶或咖啡。品惯了人生中的苦味的人,也能够从中品尝出无上的快乐。每个人都希望自己的人生一帆风顺,但这样的人生轨迹并不存在。弯路走得多了,放开心态,也能在弯路上多看一段风景。

面对生活中的弯路,你需要想得开。想得开是天堂,想不开是地狱。选择自己的职业,选择自己的人生轨迹,都是出于向阳的心态。但是,职业做了几年,可能发现选错了;走了几年路,发现路是弯的。然而,回头看看,真的白白浪费了光阴吗?

终有一天,当站在人生的下一个站台回望,所有曾经承受的委屈和压力都将释然。那些曾经所走过的弯路,让自己学到了如何应对人生,如何面对挫折,如何发挥潜能,全力以赴。走过弯路后,你会发现,是弯路让自己的人生拥有了更多的可能。

蓉蓉有很多优点,会弹钢琴,唱歌也好听。可是优秀的她高考失利了。每个人都曾以为她能够考上著名大学,但是她的分数只能够去一个小城市的普通医学院。

她曾一度非常沮丧,但从来没有抱怨过生活,始终从自己身边的人和事上看到和学习美好的东西。在学校里,她学习、谈恋爱、旅游。后来,她去医院实习,给断掉的骨头固定石膏,当医生的助手。再后来,她考上了法律的专业,从零开始。

她从不讨厌自己眼下的工作,但是她有更高的梦想和目标。蓉蓉读法律专业很顺利,可她从律师事务所辞职去黑龙江支教去了。她热爱自由而踏实的生活,并没有走上所谓的成功之路,虽然这对一个律师而言似乎更容易些。

蓉蓉后来又去了加拿大留学,学习关于教育和非营利公益组织的管理。她对人说:"我走的不是弯路,而是多看了一段风景。"

生活的强者,只关乎心灵。塞涅卡曾说:"没有谁比从未遇到过不幸的人更加不幸,因为他从未有机会检验自己的能力。"如何检验自己的能力呢?走一段弯路。在弯路中,总是在得到与失去的交替中,在渴求与放弃的转变间,经历着痛苦,同时感受着快乐。

走弯路很苦,其实苦的另一面是一种恩赐,因为伴随苦难而来的往往是一种超乎常人的坚强与不屈,而这种精神才是人生在世最为宝贵的财富。

洛克破产后,从一个大商人变成一个被人四处追债的穷光蛋,深切体会到生活的冷酷无情。他心灰意懒,萌生了结束生命的想法。

洛克回到了承载着他童年美好时光的乡间小镇。走累了的洛克在一片瓜地旁边小憩。这时正是丰收的时节,空气里充盈着香甜的味道。好客的瓜农看到满面愁容的洛克,豪爽地请他品尝地里的瓜。

瓜农热情地对洛克讲述,前几年收成如何不好,总是遇到天灾虫患,甚至突如其来的一场霜冻让即将收获的成果毁于一旦,一年的辛勤劳作全都白费了。

洛克感到有些意外,他脱口而出:"收成不好,你怎么活下去?赚不到钱,耕种还有什么意义?"

瓜农憨厚地笑着说:"再怎么艰难不都这样挺过来了。你看,这不是丰收了么。而且,正是之前的歉收才让这次丰收显得更有意义。"看着这个心事重重的年轻人,瓜农意味深长地继续说道,"所有的经历都是有意义的,只要你没有放弃继续依靠自己的双手。"

一席话似一阵风吹走了洛克心头的灰尘,让他顿时醍醐灌顶。洛克谢过瓜农后,驱车返回,他决定重新来过。5年后,洛克的公司遍及全球,成了行业内呼风唤雨的人物。而走过的弯路,也成了他人生中最美的回忆,他倍加珍视。

每个人都曾暗自许愿:希望人生之路能够坦荡无阻,希望得到细心体贴的关怀,希望一切烦恼和痛苦都远离自己。然而,愿望从没有被满足,你仍然在红尘中挣扎。生命中那些源于心灵的痛苦时时折磨着你,使你不愿意面对,却又无法逃避。

人生的路上有很多的风景。对于很多风景,你无心欣赏,或者根本就错过了,这是一种深深的遗憾。当你为了接近一个目的而遭遇了困难后,是否还能满心欢喜地回忆起沿途的景色?如果能,你就是有大智慧的人。

学会选择就是学会放弃

平凡的人不舍得放下微小的利益，整日徘徊其中，被困住了手脚。天长日久，发展为痼疾。如果放弃这些犹豫，不一定会完全成功，但至少拥有了放手一搏的可能性。

——哈佛箴言

要想得到野花的清香，就要放弃城市的舒适；要想得到永久的掌声，就要放弃眼前的虚荣。放弃了蔷薇，还有玫瑰；放弃了小溪，还有大海；放弃了一棵树，还会有整片森林；放弃了驰骋原野的不羁，还会有策马奔驰的自得。

哈佛大学认为，人生其实就是选择，而放弃正是一门选择的艺术，是人生的必修课之一。没有果敢的放弃，就没有辉煌的选择。与其拼得头破血流，倒不如潇洒地挥手，勇敢地选择放弃。歌德曾说："生命的全部奥秘就在于为了生存而放弃无谓的生存。"

美国保险巨头法兰克·毕吉尔在其事业发展过程中首次遇到发展瓶颈。他付出几倍汗水和努力，提升效果却并不明显。为此，他非常苦恼，经常一个人反复思索，寻找破解的办法。

几经辗转，他发现这样一个怪现象：在他一年所卖的保险中，有70%是第一次见面成交的，有23%是第二次见面成交的，只有7%是第三次见面以后才成交的。而花费在7%业务上的时间几乎占用了他工作时间的一半以上。

这个发现引起他的思索:"如果把第三次见面的时间用于开展新业务,那样一来,效果又会怎样?"

于是,他果断采取新的推销策略,即放弃第三次见面那7%的利益,不再为它的诱惑所动。这样,他就可以腾出大量时间用于新业务的拓展。这样一来,他的业务开始蒸蒸日上,很快开辟新的工作领域,成为保险业的巨头。

电影《卧虎藏龙》里有这样一句很经典的话:"当你紧握双手,里面什么也没有;当你打开双手,世界就在你手中。"只有懂得放弃,才能在有限的生命里活得充实、饱满、旺盛。

事实上,在人生的发展道路上,有些人什么都不想舍弃,这样做的结果往往是效率低,所得利益也少。其实,有的时候,有意识、有组织地舍弃一些东西,可能会获取更大的利益。

张丽丽硕士毕业后,在一所名牌大学任教,工作得心应手,教学很受学生欢迎,而且科研成果丰硕,几年后就在国家级著名刊物上发表论文十余篇,出版专著一部,很快被学校破格提为副教授,并被任命为教研室主任。

大家都认为,她只要按照目前的学术之路按部就班地走下去,升教授、当博士生导师都是指日可待的。可让大家惊讶万分的是,她辞去这体面、高雅又前途光明的大学教职,应聘到美国一著名的跨国公司任中国珠三角地区的总代理。大家为她的选择既感到惋惜又感到担心,惋惜她唾手可得的美好前程就这样放弃了,担心她一个学术型的青年女子是否适合做外企白领,能否把经商和管理工作搞好。

两年后,该跨国公司在中国珠三角地区的业务量提高到原来的2.5倍,她受到总公司的通令嘉奖。在她干得如火如荼的时候,张丽丽又作了一个让大家大跌眼镜的举措,她离开了这个薪金让人羡慕的跨国公司,考到美国哈佛大学去读经济学博士。

用张丽丽自己的话来说："我最大的收获并不是物质和金钱，而是努力拼搏挑战自己的乐趣，丰富了自己的阅历。"

新东方的创始人之一王强在每一次回到起点的时候，都有许多人为他惋惜。看到今天的新东方的时候，又有无数羡慕的声音。他的成功，除了才智与奋斗，更重要的是一种识时务、敢于放弃的胆量。

很多成功的人都懂得放弃的艺术，像比尔·盖茨、李彦宏，每一次的放弃不是抛出，而是解放能升值的资本。其实，他们的目标始终没变："要成功，要震撼这个世界。"后退是为了更好地前进，放弃是为了曲线前进。无论做什么，让优秀成为一种习惯，让每一步都接近优秀。

其实，成功有的时候就是看你肯放弃人生的百分之几，越是肯舍弃就越会收获成功。有时，勇于放弃也是一种智慧。放弃代表一种终结，同时意味着另一种开始。现在的路不适合你，不如勇敢地把它放弃，进行重新选择。那么，你的人生也许会出现另一番美丽的风景。

保护好你内心的那一份孤独

不能忍受孤独的人是一个灵魂空虚的人。

——哈佛箴言

哈佛大学指出，人虽然是社会动物，本性却是孤独的。正如张艺谋所说："每人都有孤独感,喧嚣中的人,内心可能是孤独的。这种孤独是与生俱来的,有人多些有人少些,但内心都渴望被安抚、理解。"没有人愿意与孤独为伴,但只要生活在这个世界上,就逃不掉孤独的纠缠。

孤独、寂寞是痛苦的,很多人无法忍受这种空虚,只要一闲下来,必须找个地方去消遣,如舞厅、KTV、电子娱乐,或者找人聊天等;自己待在家里时,必定打开电视,没完没了地看电视剧。实际上,这不过是自欺欺人的做法罢了。孤独并不会因此而远去,越是畏惧孤独的人,孤独越是会乘虚而入。

黎巴嫩作家纪伯伦说："孤独是忧愁的伴侣,也是精神活动的密友。"如果把孤独、寂寞看成痛苦,就会作出那样逃避孤独的举动,让自己成为寂寞的俘虏;然而,现实生活中常常有这样的体会,在经历一阵喧哗之后,独坐静思,细细品味人生中的某个细节,会感觉神清气爽、心灵舒畅。这时候,孤独是一种快乐了。

当代作家周国平说："对于有'自我'的人来说,独处是人生中最美好的时刻和最美好的体验,虽然有些寂寞,寂寞中却有一种充实。独处是灵魂生长的必要空间。独自沉思的时候,我们从别人和事务中抽身出来,回到了自己。这时候,我们面对自己和上帝,开始了自己与心灵以及与宇宙中神秘力量的对话。"

只有独自面对大海时,才能感受到大海的内涵;只有独自登上山顶时,才能感受到山川的意志。独自面对大自然,才能和大自然真正沟通,正如徐霞客的旅行一般。

徐霞客的一生是孤独而有诗意的一生。他22岁离家旅行,几十年的考察主要靠徒步跋涉。他寻访的地方,多是荒凉的穷乡僻壤,或是人迹罕至的边疆地区。

他不避风雨,不怕虎狼,以野果充饥,以清泉解渴。他孤独,却也并不寂寞，因为享受与长风为伍的自在，享受与云雾为伴的生活。他在孤独中找到了自我，把自己的经历和感悟写进日记里。在残垣老树之下，他倾听大自然的声音。在荒村、破庙，他独自燃起篝火，享受独处的幸福……

有一次，他出游不久就遇到了强盗，行李与旅费被洗劫一空，还险些丧命。有人劝他回去，并要资助他回乡的路费，他却说："我带着铁锹出来，什么地方都可以埋葬尸骨。"

是否善于享受孤独与一个人的性格没有太大的联系，意大利电影明星索菲娅·罗兰是一个活泼且喜欢交朋友的人，然而她在观众面前讲过："在孤独中，我正视自己的真实感情，正视真实的自己。我品尝新思想，修正错误。我在孤独中，犹如置身在装有不失真的镜子的房间里。"孤独是人们灵魂的过滤器，不断滋补人们的内心，从精神上给心灵补给营养。

赫胥黎说："越伟大、越有独创精神的人越喜欢孤独。"世界上绝大部分文学作品都是诞生于孤独、寂寞之中。唯有当作者处于孤独状态中，才能更近地追逐到自己的心境。

俄国著名作家列夫·托尔斯泰为了免受干扰，专心写作《复活》，将自己锁在房间里，对仆人说："从今天起，我死了，就葬在房间里。"仆人按照他的吩咐，对所有来访者说："先生死了，死在谁也不知道的地方。"直到《复活》定稿，托尔斯泰才"死而复生"。

1830年，法国作家雨果同出版商签订合约："半年内交出一部作品。"雨果把身上所穿毛衣以外的衣服全部锁进柜子里，并且把衣柜钥匙丢进了湖里。就这样，他彻底断了外出会友和游玩的念头，因为根本拿不到外出的衣服。他钻进小说里，除了吃饭和睡觉，从不离开书桌，结果作品提前两周脱稿。而这部仅用了5个月时间就完成的作品就是后来闻名于世的文学著作《巴黎圣母院》。

周国平还讲过："独处的确是一种检验,用它可以测出一个人灵魂的深度,测出一个人对自己真正的感受,他是否讨厌自己。"人是一种社会性的动物,需要与他人交往,需要参加一些社会活动,并常常与人沟通,否则就无法生存。世上没有一个人能忍受绝对的孤独,绝对不能忍受孤独的人却是一个灵魂空虚的人。越是不能忍受孤独的人,越会经常使自己陷入一种忙碌中,而这种忙碌往往还带不来任何收益。在忙碌中,人们还容易忘掉自我,越来越害怕正面地去面对孤独,最终丢失自我。

卢梭曾说过:"我独处时从来不感到厌烦,闲聊才是我一辈子忍受不了的事情。"消极地对待孤独,生活就是悲哀的;善于和孤独相处,则能发现真正的快乐。和孤独交朋友,是一门艺术,也是人生的一种境界。

第四课

世界上最大的谎言就是"你不行"

哈佛学子认为，在每个平淡无奇的生命中都蕴藏着一座丰富的金矿。哪怕仅仅是微乎其微的一个优点，只要肯深入挖掘，都会挖掘出宝藏。

在人生路上做自己的主人

做人最可贵的莫过于坚持自己的看法，而不是盲目从众，这样才不会在别人的观点里迷失自己。

——哈佛箴言

生活中，虚心地接受别人的意见有助于自己更快地成长，可是过分地依赖别人的意见会使你丧失主见。意大利作家但丁说过这样一句话："走自己的路，让别人去说吧。"很多人明白这个道理，但是能够做到这一点的人少之又少。人们总是太过在意别人的眼光，如果有人说你的衣服难看，第二天你绝不会再穿；当别人说你的声音不够甜美，那么你就会很少说话。

人们每做完一件事，总是依靠别人的评价给自己打分，别人的看法会牢牢印在脑海之中，好的评价使人心情愉悦，那些不好的评价则给生活带来无尽的困扰。

在当今社会，你不可能独立生存，可是不能让别人的议论成为你生活的风向标。总是记得别人的议论，这是没有主见、没有自信的表现，它不但会影响你的生活、学习，还会让你的心态更加消极，甚至不敢自己寻找未来，而是从别人的眼中寻找未来。

费曼是美国的科学奇才，他的妻子性格开朗，总是善于从一些小事中寻找生活的乐趣。所以，他们的婚姻生活很幸福，一直是朋友羡慕的对象。

有一次，费曼的妻子给身在普林斯顿的费曼寄来一盒铅笔，上面用一行金色的字表达了心中的爱意："亲爱的查理，我爱你。"

费曼觉得这礼物是很好，但是如果和朋友讨论问题时被看到，别人会怎么想呢？他不好意思用这些笔。可是当时物质匮乏，舍不得浪费，于是他刮掉铅笔上的字再用。

第二天上午，费曼又收到一封妻子寄来的信，一开头就写着："你想把铅笔上的名字刮掉吗？这算什么，你难道不以拥有我的爱为荣吗？"结尾用特大号字体写着："你为什么要管别人怎么想？"看到这段话，费曼非常震惊。"是啊，我为什么要管别人怎么想？生活是自己的，人生也是自己的，为什么要活在别人的议论中呢。"他对自己说。

受到妻子的启发，他决定写一本书讲述自己一生经历，以"你为什么要管别人怎么想"当书名。在这本书中，他记述了和妻子的感情、生活逸事和他自己在科学上的重大突破。

人生短暂，需要你把握的东西有很多。如果你总是按着别人的要求来做自己，这样的人生是没有意义的。在人生道路上，你只是别人眼中的一道风景，就会很快地被人忘记。当你付出太多的努力来达到别人眼中的完美时，别人也许已经丧失了关注你的兴趣。所以，不要过多地纠缠于别人的评价，要学会做自己的主人。

美国著名女演员索尼亚·斯米茨的童年是在加拿大渥太华郊外的一个奶牛场里度过的。

当时，她在农场附近的一所小学里读书。有一天，她回家后很委屈地哭了。父亲问她原因，她断断续续地说："班里一个女生说我长得很丑，还说我跑步的姿势难看。"父亲听后，微笑着对她说："我能摸得着咱家的天花板。"正在哭泣的索尼亚听后觉得很惊奇，不知父亲想说什么，就反问:"你说什么?"

父亲又重复了一遍:"我能摸得着咱家的天花板。"

索尼亚忘记了哭泣,仰头看看天花板。将近4米高的天花板,父亲能摸得到?她怎么也不相信。父亲笑笑,得意地说:"不信吧,那你也别信那女孩的话,因为有些人说的并不是事实。"

索尼亚若有所思地点了点头:"不能太在意别人说什么,要自己拿主意。"

她在25岁的时候,已是个颇有名气的演员了。有一次,她要去参加一个集会,但经纪人告诉她,因为天气不好,只有很少人参加这次集会,会场的气氛有些冷清。经纪人的意思是,索尼亚刚出名,应该把时间花在一些大型的活动上,以增加自身的名气。索尼亚坚持要参加这个集会,因为她在报刊上承诺过要去参加。结果,那次在雨中的集会,因为有了索尼亚的参加,广场上的人越来越多,她的名气和人气因此骤升。

后来,她自己做主,离开加拿大去美国演戏,从而闻名全球。

自己拿主意,当然并不是一意孤行、孤芳自赏,而是忠于自己、相信自己,不轻易被别人的思想所左右。生活中,人人都有从众心理,有时候为了顾及面子而依附于他人的思想和认知,从而失去独立的判断,处处受制于人,这真是一种莫大的悲哀。生活是属于你自己的,要有自己的主见,不可盲目追随别人。

当你太过在意别人的评价时,就会在别人的赞美中迷失自己,更容易在别人的议论中丢盔弃甲,很难去坚持自己的想法和判断。同时,太在乎别人的评价会让你经常患得患失,害怕一切可能不好的后果。结果,自己承受的压力越来越大。每天面对着压力,总是去害怕别人都在注意自己的缺点或疏漏,会使你退缩,失去积极主动的活力。

玛丽每天陷于苦恼之中。她的个子不高，体重却是妹妹的两倍。

身高的缺陷再加上并不漂亮的容貌，让玛丽感到很难过。有一次，她去美容院，美容师肯定地告诉她，不可能把她的脸变成杰作。听到这句话，玛丽恨不得钻到地缝里去。慢慢地，她不敢去公众场合，害怕别人注意到自己，害怕别人对自己指指点点。

有一天，她一个人在广场上散步，看到了一个矮小而肥胖的老妇人。这个老妇人的脸上擦满了厚厚的脂粉，嘴唇上还涂着鲜红的唇膏，一身名牌的穿戴让她看上去十分高贵。

由于这个老妇人很胖，她手里的手杖支撑了很大的力量。突然，手杖的尖头深深地戳进了地面。当她用力地往外拔时，因为用力过猛，身体一下失去了重心，她重重地跌倒在了地上。

一下子，这个老妇人被摔得站不起来了。玛丽心想，她的心情肯定沮丧到了极点，在大庭广众之下摔倒可不是一件优雅的事情。

然而，这个老妇人淡然地站了起来，正好与玛丽双目对视，坦然地对玛丽笑了笑："瞧我不小心摔了个大跟头。"说完，还冲玛丽扮了一个鬼脸。看着她离去的背影，玛丽突然意识到："没有人真正注意到你的所作所为，是你自己心理在作祟。"

经历过这件事后，玛丽开始逐渐调整自己的心态，不再考虑别人对自己的看法，也不会再因为别人的嘲笑而闷闷不乐。这时，她才领悟到："只有学会释然，学会不计较别人的看法，自己才能活得快乐，赢得别人的尊敬。"

哈佛大学认为，对于别人的评论，应当学会释然。太多的时候，你只是给自己不断地施压。许多东西是无法改变的，唯有坦然接受。无论在哪种场合，你都不必活在别人的世界。当你懂得了这种释然，就会体会到什么才是真实的、无忧无虑的生活。

只有为自己而活,人生才能精彩。每个人都应该坚持走自己开辟的道路,不轻易受他人观点所牵制。活着是为了充实自己,而不是为了迎合他人的意见。

如果不付诸实施,你很难验证一个想法正确与否。因此,与其把精力花在一味地去谄媚别人,时时刻刻地去顺从别人,还不如把精力放在提升自己上。改变别人的看法很难,改变自己却很容易。你可以参考别人的模式,但是中间的精髓一定要是自己的。

每个人都是一座有待挖掘的金矿

很多时候,人们不敢相信自己,总是认为别人比自己要强很多,一件事情要得到别人的肯定才是正确的。其实这又何必呢?你自己本身就是一座金光闪闪的金矿,只是你没有发现罢了。

——哈佛箴言

古希腊的大哲学家苏格拉底在临终前有一个遗憾:自己多年的得力助手,居然在半年多的时间里没能给他寻找到一个最优秀的闭门弟子。

事情是这样的。

苏格拉底在风烛残年之际,知道自己时日不多了,就想考验一下他的那位平时看来很不错的助手。他把助手叫到床前说:"我的蜡烛剩不多了,得找另一根蜡接着点下去,你明白我的意思吗?"

"明白,"那位助手回答说,"您的思想光辉应当传承下去。"

"可是，"苏格拉底慢悠悠地说，"我需要一位最优秀的传承者。他不但要有相当的智慧，还必须有充分的信心和非凡的勇气。这样的人选，直到目前我还未见到，你帮我挖掘一位好吗？"

"好的。"助手很温顺很尊重地说，"我一定竭尽全力地去寻找，不辜负您的栽培和信任。"

苏格拉底笑了笑，没再说什么。

那位忠诚而勤奋的助手，不辞辛劳地通过各种渠道开始四处寻找传承者。可他领来一位又一位，总被苏格拉底一一婉言谢绝了。

当那位助手再次无功而返地回到苏格拉底病床前时，病入膏肓的苏格拉底硬撑着坐起来，扶着那位助手的肩膀说："真是辛苦你了，不过，你找来的那些人，其实还不如你……"

"我一定加倍努力。"助手言辞恳切地说，"就算找遍城乡各地，我也要把最优秀的人选挖掘出来。"

苏格拉底笑了笑，不再说话。

半年之后，苏格拉底眼看就要告别人世，最优秀的人选还是没有眉目。助手非常惭愧，泪流满面地坐在苏格拉底的病床边，语气沉重地说："我真对不起您，令您失望了。"

"失望的是我，对不起的却是你自己。"苏格拉底说到这里，很失望地闭上眼睛，停顿了许久，才又不无哀怨地说，"本来，最优秀的人就是你自己，只是你不敢相信自己，才把自己给忽略了。其实，每个人都是最优秀的，差别就在于如何认识、发掘和重用自己……"话没说完，苏格拉底便离世了。

那位助手非常后悔，甚至自责了整个后半生。

为了不重蹈那位助手的覆辙，每个向往成功、不甘沉沦的人都应该牢记先哲的这句至理名言："最优秀的就是你自己。"

从前，美国费城有几个高中毕业生没钱上大学，他们结伴而来，请求康惠尔牧师教他们读书。康惠尔牧师答应教他们，但又想到还有许多年轻人没钱上大学，要是能为他们办一所大学该有多好。于是，他四处奔走，可是奔波了5年却连1000美元也没筹募到，而当时办一所大学约需要投资150万美元，他意识到自己的打算不过是异想天开。

某一天，他情绪低落地走向教堂，发现路边的草坪上有成片的草枯黄了，很不像样，他便问园丁："为什么这里的草长得不如别处的草好？"园丁回答："你看这里的草长得不好，是由于你把这些草和别处的草相比较的缘故。大家常常是看到别人的草地很美丽，希望别人的草地就是自己的，却很少去整治自己的草地。"

这话使康惠尔恍然大悟，从此便积极探求这个哲理：财富和成功不是仅凭奔走四方发现的，它属于在自己的土地上不断挖掘的人。7年后，他筹到了几十万美元资金，终于建起了一所大学。如今，他所筹建的高等学府依然矗立在费城，早已闻名于世。

你自己就是一座金矿，关键是你如何看待、发掘自己。如果你坚信自己是块宝石，那么你就是一块宝石；如果你坚信自己能成功，那你就一定能成功。

约翰在中学的时候由于学习不积极，成绩很差，每次考试总在倒数几名上徘徊。老师一直说他无可救药了，同学们也看不起他。为此，他一直很沮丧，觉得这辈子不可能有什么出息了。

期中考试刚结束，老师兴奋地在班上宣布，有位著名的学者要到班上做个实验。

不过，约翰隐隐约约听到同学窃窃私语地说："知道吗？这位学者是研究人才心理学的，据说他有一种神奇的仪器，能预测出谁未来会获得成功。"

约翰在心里想："这和我没有关系。"

同学们都忐忑不安地期待着这位学者的到来，并渴望着看看那个神奇的仪器。约翰也很好奇，那个能窥探未来的神奇仪器是什么样子。

这位学者终于来了，他是个大胡子的中年人，和蔼可亲，看不出有什么特别之处。令同学们失望的是，这位学者只是到班上转了几圈便没了踪影。

老师神秘地点了5个同学的名字，请他们到办公室来一下，其中包括约翰。约翰以为自己又没考好，要去挨训。不过，尖子生杰比也在场。约翰很纳闷，其余几个人也莫名其妙。

办公室里坐满了老师，还有那位学者。"孩子们，"这位学者和蔼可亲地说，"我仔细地研究了你们的档案、家庭和现在的学习情况，我认为你们5个人将来会成大器的，好好努力吧。"

约翰觉得一阵眩晕，以为自己听错了，可是看看在场别人的表情，他知道这是真的。从办公室出来，约翰觉得自己脚步轻松了许多，心想："原来我还有希望，这位学者是这么说的，他的预测一向是准确的，我要好好努力。"约翰看了看其余4个人，心想："他们和我没两样。"

"这位学者说我会成大器的。"约翰一直这么激励自己。很快，他的成绩就跃居班级前几名。连老师为他讲解时的目光也变得喜悦起来，再也没人说他无可救药了。

后来，约翰顺利地从哈佛大学数学系取得了博士学位。

这个故事告诉人们一个道理：在你身上拥有宝藏，那就是潜力和能力。只要你不懈地挖掘自己的宝藏，积极地运用自己的潜能，就能够做好你想做的一切，就能够成为自己生活的主宰。

天才是放对位置的人

人人都有其优势，而这优势有待被唤醒。看见自己的天才，是敲开生命宝藏的一块砖石。

——哈佛箴言

伟人爱因斯坦小时候学习成绩一般。他的拉丁文老师很不喜欢他，曾经骂他："爱因斯坦，你长大以后肯定不会成器。"老师怕他在课堂上影响别的学生，曾把他赶出了校门。但他对数学、几何和物理方面有着浓厚的兴趣，凭借这些方面的独特优势，他最终成了伟大的物理学家。

每个人都有自己的优势，你要懂得发挥自己的优势，选择属于自己的人生路。也许这条路不是最好的，却是最适合的。这样，人生道路上才会洒满阳光。

有一句话说得好："天才是放对位置的人。"

有一个小男孩，因为家境贫寒，总是吃不饱，人长得很瘦弱，经常被邻居家的孩子欺负。于是，他决定去学习武功，要打败那些欺负过他的人。可是由于他身体瘦弱，没有老师肯收留他。小男孩很沮丧，他想："难道我就注定一辈子要被人欺负吗?"在小男孩非常痛苦的时候，他遇到了一位眼睛失明的师傅，愿意收小男孩做自己的徒弟。

小男孩非常高兴，可是这个师傅毕竟是个盲人，他的内心有点失望，不过又想："如果师傅看见我长得这么瘦小，一定也不会教我武功的。既然他看不见，那我就不和他说了。"这样一想，小男孩就放宽心了。

小男孩开始每天跟随师傅学习武功。可是很奇怪，师傅并不教他搏斗的技巧，每天只让他跑来跑去，或者锻炼腿脚。小男孩很不理解，心想："这位师傅不会武功吧，怎么天天只教我这些呀？"

过了几个月，师傅还是让小男孩练习这些。他终于忍不住了："您每天都让我做这些，为什么不教我一些其他的功夫呢？我只练习这些，肯定打不败那些欺负我的人。"师傅笑了笑说："那可不一定，要不要你去试试？"小男孩根本就不相信自己会成功，他没敢去找那些欺负过他的人。

可是有一天，在回家的路上，他遇到了那群坏孩子，小男孩正想逃跑却被拦了下来。当这些孩子打他的时候，他便用灵活的步伐躲闪着。他惊奇地发现自己移动的速度非常快，那些坏孩子根本没有办法接近自己。这时，他明白了师傅的用意。

第二天，他把打架的事情告诉了师傅，师傅对小男孩说："你的身体比较瘦小，我根据你自身的优势教给你这样的功夫。"小男孩这才明白，原来师傅早就已经知道自己身体瘦小的事情了，师傅所做的一切真是煞费苦心。小男孩暗暗发誓，要跟随师傅好好学习功夫。

其实，每个人都有自己的优势，如果把它挖掘出来，好好利用，就会取得意想不到的结果。发扬自己的优点，才能真正地提高自己，使自己处于一个不败之地。所以，相信自己，你并没有你想象的那样弱。

据美国社会专家研究，每个人的智商、天赋都是均衡的。即每一个人都会在拥有优势的同时具备劣势。那些成功人士并不是全才，而是他们懂得发挥自己的优势、规避劣势。你要看清楚自己的优势，了解自己的长处，将自己的价值展现出来，这样才会取得属于自己的成功。

香港"湾仔码头"品牌的速冻饺子非常受欢迎。尤其是近些年，"湾仔码头"牢牢占据了速冻饺子市场的半壁江山，其创始人臧健和女士是在优势行业创造财富的典型代表。

臧健和女士是山东人，对包饺子十分在行。年轻时，她辗转来到了香港，开始了创业之路。一开始，她进行过股票、房地产等投资，但都失败了。

后来，她想到了自己包饺子的技术，就想着把它当成自己终生的事业来发展。她想："自己对别的行业都不熟悉，可是包饺子非常熟练，这不就是自己的优势吗？优势利用好了就是机遇啊。"

下定决心后，臧健和女士就开始包饺子的事业。第一天卖饺子，她的心情忐忑不安。当时，有几个打网球的年轻人，循着热气四溢的香味走了过来。他们说，从来没见过北方水饺，想尝一尝。臧健和女士恭恭敬敬地把水饺端给他们，然后盯着他们的表情。没想到，几个年轻人异口同声地说好吃，每个人都吃了第二碗。

就这样，臧健和女士的事业顺利开张了。不过时间一长，问题也就来了。有一次，她在码头卖水饺，发现一位顾客吃完水饺后，把饺子皮留在碗里，她忍不住上前询问。那个顾客毫不客气地告诉她说："你的饺子皮厚得像棉被一样，让人怎么下得了口。"

的确，臧健和女士最初的水饺是典型的北方包法，皮厚、味浓、馅多、肥腻，这并不适合香港人的饮食口味。于是，她针对香港人的口味对饺子加以改进，最后制作出了让香港人称赞的水饺。

就这样，臧健和的事业一步步发展壮大，最终创立了"湾仔码头"品牌，成为华人地区销量名列前茅的饺子品牌。在事业成功后，她无尽感慨地说："在我刚到香港的时候，好多人都劝过我做其他生意，可我说我就会包饺子。现在回过头来再看，我的选择是正确的。这个行业我非常熟悉，无论调馅还是擀皮，这都是我所精通的，这是我成功的关键。"

　　不管是从事何种职业的人，都必须认识自己的潜能，确定最适合自己的发展方向，否则很可能就埋没了自己的才能，最终一事无成。俗话说："女怕嫁错郎，男怕入错行。"只有找准自己的位置，你的才能才会最大限度地爆发。

　　每个人都有自己的优势，因为人的兴趣、才能、素质等都是因人而异的。只有找到了自己的优势，你才能在相应的行业内做得得心应手，最终获得成功。

知人者智，自知者明

　　要想发现自己的优势，就要充分地认识自己。只有在认识自己的时候，你才会发现自己有很多优点，才能真正做到把自己的优势挖掘出来，发挥得淋漓尽致。

——哈佛箴言

　　在古希腊帕尔索山上的一块石碑上刻着这样一句箴言："你要认识你自己。"卢梭曾经这样评论此碑铭："比伦理学家们的一切巨著都更为重要，更为深奥。"显然，认识自己是至关重要的。

　　在生活当中，你会发现，一个人如何看待自己与其自信心的强弱有关，自信心强的人能较客观地看待自己的潜力，而自卑的人会更对自己有所贬低。多数情况下，一个人如果觉得自己是个乐观向上的人，就会表现得乐观向上；如果觉得自己是个内向而迟钝的人，那很可能就会表现得内向、迟钝。

哈佛大学告诫大家:只要看清自己,那么一切都可以改变。认识自己、看清自己的优缺点,对取得事业和生活中的成功都会起到至关重要的作用。

意大利著名影星索菲娅·罗兰半个世纪以来出演了几十部影片,她用自己动人的风采、卓越的演技给人们留下了深刻的印象。她的美不是静止的,不是平面的,而是以一种浓烈的方式留给了电影。1961年,她获得了奥斯卡最佳女演员奖。很多导演都由衷地说,与索菲娅·罗兰的美丽相比,奥斯卡简直不值一提。

然而,她的从影之路并不是一帆风顺的。

16岁时,她一个人来到了罗马。刚到罗马时,她听到的是自己个子太高、臀部太宽、鼻子太长、嘴巴太大等非议,被认为没有一点做演员的资格。

不过很幸运的是一位制片商看中了她。看中了她并不代表她的事业一帆风顺,索菲娅·罗兰去试了许多次镜,但摄影师都抱怨无法把她拍得美艳动人。制片商听到了摄影师的抱怨,找到了索菲娅·罗兰,说:"索菲娅,如果你真想干这一行,我建议你把你的鼻子和臀部'动一动',做一次整容手术,那样就更会好些。"但是索菲娅·罗兰是个有主见,不愿意随波逐流的人,她断然拒绝了制片商的要求。在她的心里,始终坚持着这样的一个原则:"我就是我自己,只有做好了自己,我才能向他人学习。"

索菲娅·罗兰要靠自己内在的气质和精湛的演技来征服观众,于是找到了制片商,并理直气壮地说:"对不起,我不能这样做,我就是我自己,只有做好了自己,我才能向别人学习,这是我的原则。虽然我的鼻子太长,但它是我脸庞的中心,它赋予了我脸庞的独特个性,我很喜欢它。至于别人怎么说,我无法改变,因为嘴是长在他们的脸上。我只要坚持我的原则就够了。"

虽然很多议论对索菲娅·罗兰很不利，但她没有因为别人的议论而停下自己奋斗的脚步，反而越挫越勇。从17岁正式进入电影界，她一生拍了几十部影片。索菲娅·罗兰的演技达到了炉火纯青的程度，得到了观众的认可，观众很喜欢她的善良和纯情。

随着索菲娅·罗兰在事业上不断取得成功，她刚出道时遭到的议论都不见了，以前的缺点成为当时评选美女的标准。20世纪末，索菲娅·罗兰被评为"最美丽的女性"之一。

有人问起索菲娅·罗兰的成功时，她是这样回答的："我谁也不模仿。我不去奴隶似的跟着时尚走，我只要做我自己。当你把自己独特的一面展示给别人的时候，魅力也就随之而来了。"

有位名人说过："当你认清楚自己后，如果能扬长避短、认准目标，抓紧时间把一件工作或一门学问刻苦认真地做下去。久而久之，自然会结出丰硕的果实。"

但是要想真正认识自己非常难，有些人活了一辈子，看别人很准，却始终难以看清自己。要想成功，首先就要认清自己，无论别人怎么评价你，那些都不重要，因为没有人比你更了解自己。

很多人失败了，因为他们没有认清自己，没有找到自身的优势和劣势。如果能清楚地知道自己的优缺点，发挥长处，避免短板，就更容易取得成功。

美国跳水运动员格里格·洛加尼斯上小学的时候很害羞，在讲话和阅读上遇到了困难，为此受到同学的嘲笑和捉弄。这令洛加尼斯非常沮丧和懊恼，但他发现自己非常喜欢并且精通舞蹈、杂技、体操和跳水。他知道自己的天赋是运动而不是学习。当认清这些之后，他开始专注于舞蹈、杂技、体操和跳水方面的锻炼，以期脱颖而出，赢得同学们的尊重。由于他的天赋和努力，他开始在各种体育比赛中崭露头角。

在上中学时，洛加尼斯发现自己有些力不从心了，因为舞蹈、杂技、体操、跳水等都需要辛勤的付出，他不可能有时间和精力去做这么多事。他知道自己必须要有所舍弃了，只能专注于一个目标。但他不知要舍弃什么、选择什么。这时，他幸运地遇到了他的恩师乔恩——一位前奥运会跳水冠军。经过对洛加尼斯的观察和询问，乔恩得出结论：洛加尼斯在跳水方面更有天赋。洛加尼斯在经过与老师的详细交谈后，认为自己的确更喜欢跳水，他认识到以前之所以喜欢舞蹈、杂技、体操，是因为这些可以使他跳水更得心应手，可以为跳水带来更多的花样和技巧。他恍然大悟，于是专心投入跳水中去。

经过专业训练和长期不懈的努力，洛加尼斯终于在跳水方面取得了骄人的成就。由于对运动事业的杰出贡献，洛加尼斯在1987年获得世界最佳运动员和欧文斯奖，达到了一个运动员荣誉的顶峰。

每个人都有着属于自己的使命，当你清楚地认识到自己的使命时，才能快乐、幸福。有人适合当将军，有人适合当士兵。如果适合当士兵的人以当将军为目标，那么这个想法只会使他一生痛苦不堪。所以，首先认清自己才是你的关键。

认识自己是一件很难的事，但同时是一件很幸福的事，因为它会给你的人生带来很多收获。认识自己，并非只是那些天才才能拥有的能力。大家周围有许多平凡的人物，他们可以做自己喜欢的事，活得自在，活得快乐，这也是一种成功。一个人在某些方面不行，并不代表他在其他方面也不行。所以，只有充分认识了自己，做到"没有人比你更了解你自己"，最终才能知道你到底行不行。

请放大你的天赋

寻找自己的天赋，并且尽最大的能力去发挥，就会把属于你的美丽带给身边的人，从而将你的生活装点得更加美好。

——哈佛箴言

"天生我材必有用"绝不是一句话，只要你找到自己的天赋将它发扬光大，事业上获得成功、实现自身价值、拥有更好的生活都不是可望而不可即的事。

狮子再唯我独尊，也不会去同大象比谁的鼻子长；豹子再不可一世，也不会去同鲸鱼比谁的水性好；再强悍的人，也不会处处与别人的强项进行比较。因为对于每个人来说，对自己真正有益处的事情并不是不断去发掘自己的缺点、缺陷和不如人之处，继而打击自己，而是要时刻发掘自己的天赋，建立自信和骄傲。

1978年4月1日，胡厚培迎来了他的第一个孩子——胡一舟。就像愚人节的一个玩笑一样，他很快发现自己的孩子智力有问题，并通过医院得到了证实。医生告诉他，舟舟的基因发生了变异，第21对染色体多了一条，这种情况在医学上被认为是先天愚型患者，属于智力残疾，并且是医治不了的。20年的时光弹指而过，胡一舟的智商一直在30左右的水平，而正常人的智商则在70以上。他直到8岁才从1数到5，作业本里只有一道"三加二等于五"的数学题。因为语言障碍，没有逻辑思维能力，他无法上学，几乎不识字。尽管父亲不断用自己的爱心和耐心来开发儿子的智力，不厌其烦地教儿子数数、写简单的字。但是，无论胡厚培动多少脑筋，制作多少卡片，舟舟就是学不会。

但是先天的愚钝并没有遏止舟舟对音乐的感悟，在乐团工作的父亲经常把他带在身边，并参加乐队的排练。或许是从小就不断受到熏陶的缘故，长期的耳濡目染使舟舟爱上了音乐。当乐队演奏的时候，他经常不由自主地舞动双臂，好像他在指挥着乐队演奏。一次偶然的机会，舟舟竟拿着指挥棒成功地指挥了乐队的一次演奏，让大家感到无比惊讶。这个连最简单的数字都不会数甚至连自己的名字都不会写的孩子，竟然能表现出交响乐中的节奏、强弱、声部的转换等，并且把指挥的动作模仿得惟妙惟肖。

6岁的他被乐团首席第二小提琴手刁岩发现，舟舟熟记了十多部中外名曲的旋律，并能惟妙惟肖地模仿乐团指挥家的指挥动作。几年以后，舟舟成了指挥家，声名传遍了世界。

以舟舟的智力而言，他再学几十年数学，也许只能多会几道简单的数学题，对于他的人生又有什么帮助呢？他尽力弥补的是一个永远也弥补不了的欠缺。

舟舟是个幸运的孩子，及早地放弃了在其他方面与别人争得平等的努力，发现了别人不具备的音乐天赋。作为一个智力有欠缺的人，他在指挥的时候是快乐的，看他指挥的观众也是快乐的。在这种对音乐的追求中，他得到了人生的快乐，获得了精神的满足，这足以让他的人生更具非凡的意义。他教会人们如何去认真对待每一个生命。

如果教乔丹去踢足球，那么将失去一位伟大的篮球巨星；如果教马拉多纳去打篮球，结果也一样。天才只属于某一专长的领域，不可能也没有必要精通一切。在这个世界上并没有全才，所以，一个人有某方面的缺憾，绝不代表他整个人生的失败，舟舟正是这样一个生动的例子。在生活中，他可能是个需要人照顾的孩子，可一旦站在台上，他却能指挥全场、挥洒自如。请相信，每个生命都有他存在的理由，每个生命也都有他精彩的一面。

很多时候，追求完美的心态会令很多人一旦有了某种缺憾，便立刻一心想着去修补。但是反过来想想，缺憾本身不也是一种美吗？即便不是美，抛开缺陷，你身上总还有美的地方。为什么不学会欣赏自己的美，而要苦苦去关注自己的不足呢？其实，只要满怀信心地面对自己、欣赏自己，寻找自己的天赋，运用天赋的力量向着渴望的目标步步推进，成功早晚将会属于你。

16岁的时候，哈里斯还在读高中。有一天，他被学校聘请的一位心理学家叫到办公室。这位心理学家说："哈里斯，对于你各方面的情况我都仔细研究过了。"

哈里斯说："我一直很用功的。"

"问题就在这儿。"心理学家说，"你一直很用功，但进步不大。高中的课程看起来有些力不从心，再学下去，恐怕你就浪费时间了。"

哈里斯痛苦地用双手捂住了脸，说："那样我爸爸妈妈会难过的，他们一直期望我上大学。"心理学家用一只手抚摸着哈里斯的肩膀，说："人的才能有各种各样，工程师不识简谱或画家背不全乘法表都是可能的。但每个人都有特长，你也不例外。终有一天，你会发现自己的特长，你爸爸妈妈会为你骄傲的。"

听了心理专家的话，哈里斯觉得找到了人生的新方向。他不再上学了，而是替人整建园圃、修剪花草。因为勤勉，雇主们开始注意到这个小伙子的手艺，称他为"绿拇指"——因为凡经他修剪的花草无不出奇地繁茂、美丽。

他常常替人出主意，帮助人们把门前那点有限的空间因地制宜精心装点。他对颜色的搭配更是行家，经他布设的花圃无不令人赏心悦目。

某一天，他凑巧来到市政厅后面，看到一位市议员就在他眼前不远处。哈里斯注意到有一块满是垃圾的场地，便上前向市议员询问："先生，您能否让我把这个垃圾场改为花园？"

"市政厅缺这笔钱。"市议员说。

"我不要钱。"哈里斯说，"只要允许我办就行。"

市议员大为惊异，他从政以来还不曾碰到过哪个人办事不要钱呢。他把这孩子带进了办公室。哈里斯步出市政厅大门时，满面春风，说："我有权清理这块被长期搁置的垃圾场地了。"

当天下午，他拿了几样工具，带上种子、肥料来到目的地。一位热心的朋友给他送来一些树苗，一些相熟的雇主请他到自己的花圃剪来玫瑰插枝，有的则提供篱笆用料。消息传到本城一家最大的家具厂，厂主立刻表示要免费承做公园里的条椅。

不久，这块污秽的场地变成了一个美丽的公园，人们在条椅上坐下来还能听到鸟儿在唱歌——因为哈里斯也没有忘记给它们安家。全城的人都在谈论，说一个年轻人办了一件了不起的事。这个小小的公园是一个生动的展览橱窗，人们凭它看到了琼尼·哈里斯的才干，公认他是一个天生的园艺家。

要确定自己的终生奋斗目标，首先要问问你自己的兴趣所在。所谓兴趣，是指一个人力求认识某种事物或爱好某种活动的心理倾向，这种心理倾向是和一定的情感联系着的。

哈佛大学认为："想要成功，除了付出加倍的努力外，你还要找到一条适合自己的路。"当你选择了一条适合自己个性的路时，你就会觉得每一步都走得很轻盈。

一个人能够找到适合自己的事情做是很幸运的。因为有时候，你做了自己感兴趣的事，不仅仅是让自己开心，还会在开心的时候给别人带来惊喜，更有可能发现自己想不到的天赋。

在人生的道路上，你会碰到各种各样让你感兴趣的人和事。为此，你要有敏锐的判断力和坚定的意志，选择那些值得你去追求的兴趣。这种积极向上的兴趣可以促使你自身各方面的潜能和优势得以极大发挥，从而促使你奔向人生的目标。

你要的不是模仿，而是创造

每个人都是这个世界独一无二的个体，有着上天赋予的独特能力和天赋，所以你没有必要去羡慕别人，更没有必要去模仿别人。

——哈佛箴言

模仿别人无法开创属于自己的一片天地，唯有"肯定自己，扮演自己"，将自己拥有的特色发挥到极致，生命才能获得精彩。好莱坞著名导演山姆·伍德曾经说过："年轻演员最重要的是保持自我。"如果你陷入模仿别人的怪圈中，永远不能展现出真实的自我。

春秋时代，越国的美女西施，其美貌倾城倾国。无论是举手投足，还是音容笑貌，样样都惹人怜爱。西施略施淡妆，衣着朴素，走到哪里都很多人向她行注目礼，没有人不惊叹她的美貌。

西施患有心口疼的毛病。有一天，她的病又犯了。只见她手捂胸口，双眉皱起，流露出一种娇媚柔弱的女性美。当她从乡间走过的时候，乡里人无不睁大眼睛注视。

乡下有一个丑女子，名叫东施，不仅相貌难看，而且没有修养。她平时动作粗俗，说话声音震耳欲聋，却一天到晚做着当美女的梦。今天穿这样的衣服，明天梳那样的发式，却仍然没有一个人说她漂亮。

这一天，她看到西施捂着胸口、皱着双眉的样子竟博得这么多人的注目。回去以后，她学着西施的样子，手捂胸口、紧皱眉头，在村里走来走去。哪知这丑女的矫揉造作使她原本就丑陋的样子更难看了。其结果，乡间的富人看见丑女的怪模样，马上把门紧紧关上；乡间的穷人看见丑女走过来，马上拉着妻子、带着孩子远远地躲开。人们见了这个怪模怪样的丑女人，像见了瘟神一般。

每个人都有不同的特质。东施效颦为什么很丑，就是因为东施把别人的"美"生硬地搬到自己身上。自己的才能才是适合你的，一味地模仿只会徒增烦恼。

哈佛大学认为，真实总能在关键时刻为人们的成功加重砝码。因为，模仿他人，永远得不到一个完整的自己，更不要说发展了。

福特汽车的制造商曾经这样说："所有的福特轿车从性能到款式完全相同。但是，对于它的使用者来说，我们却找不出完全一样的两个人。"正是因为有所不同，才能发现一些旁人看不到的闪光点。每个人的个性、形象、人格都有其潜在的创造性，你完全没有必要一味地模仿他人。成功学家卡耐基有一句名言："整日装在别人套子里的人，终究有一天会发现，自己已经变得面目全非了。"

有一只麻雀总想学孔雀的样子。孔雀高高地扬起头，抖开尾巴上美丽的羽毛。"孔雀开屏的样子是多么漂亮啊。我也要像这个样子。"麻雀想，"那时候，所有的鸟儿一定会赞美我的。"于是，麻雀伸长脖子，抬起头，深吸一口气让小胸脯鼓起来，伸开尾巴上的羽毛，想"麻雀开屏"。麻雀学着孔雀的步法前前后后地踱着方步，可感到十分吃力，脖子和爪子都疼得受不了了。最糟的是，黑乌鸦、金丝雀，甚至鸭子，全都停下来嘲笑这只学孔雀的麻雀。

麻雀面红耳赤，心想："当孔雀也当够了，我还是当个麻雀吧。"但是，麻雀忘记了原来走路的样子。从此以后，麻雀只能一步一步地跳动，再没法走了。

"总是模仿别人"是一个坏习惯，这种习惯会让你变得更加没有性格、没有主见，甚至会失去自己原本拥有的优良品质。如果你善于发现自己的优点，敢于独辟蹊径，培养自己的个性，你将会成为一个与众不同的人。

有个小村子，高速公路紧靠在村子旁边，来往的客车非常多。由于该村是这条高速公路的一个大站，因此有很多客车要在这里过夜。这样一来，旅客的食宿就成了问题。村民常伟在这里面看到了商机，于是在这条公路旁开设了一家饭店，买卖十分兴隆。

同在一个村的郭伟看到常伟饭店的生意非常好，便也想在常伟的饭店旁边，再开设一家饭店，希望也能大赚一笔。可是他的朋友劝阻他，并建议他开一家冷饮专卖店，郭伟百思不得其解。朋友对他解释："常伟的饭店已经基本上满足过往车辆的食物需要了，你再开与他一样的店已经没有市场了，只会可能引起恶性竞争。与其模仿他，不如提供他所未提供的服务。"郭伟听了朋友的建议后，觉得很有道理。于是，在这条高速公路旁，旅客们可以去常伟的饭店吃饭，也能到郭伟的冷饮店喝冷饮。就这样，常伟和郭伟的生意越做越好。

一味地模仿别人，盲目地去进行尝试，有时非但不能取得成功，反而会得不偿失。

麦克布蕾刚刚进入广播界的时候，想当一个爱尔兰喜剧演员，结果失败了。后来，她发挥了她的本色，一个从密苏里州来的平凡的乡下女孩，结果成为纽约最受欢迎的广播明星。卓别林开始拍电影的时候，那些电影导演都坚持要卓别林学当时非常有名的一个德国喜剧演员，可是卓别林直到创造出一套自己的表演方法之后才开始成名。

所有的树叶看上去都一样，仔细观察后却发现你不可能找到两片完全相同的叶子。人亦是如此，每个人都有与生俱来的特质。正是有了这种差异，世界才会有更加丰富多彩。总之，在生活中，追求一个并不适合自己的模式的人很难获得成功，也很难获得幸福。保持自己的本色，在顺其自然中充分发展自己是最明智的。模仿他人，你永远只是一个无人赏识的赝品。

只要你愿意，劣势也可以扭转

人的所有弱点都是可以转化的，只要用足够的时间来思考它。一旦真正开始思考自己的弱点，弱点就很可能变为长处，种种创新的可能性将不断地涌现出来。

——哈佛箴言

这世上的每件事都存在着两面性，有时看似完美的事，未必就代表着圆满；反过来，有缺憾的事，有时可能从另一方面带给人意想不到的惊喜。俗话说："当上帝对你关上一扇门的时候，定会为你开启一扇窗。"

一位国王有七个女儿，这七位美丽的公主是国王的骄傲，她们那一头乌黑亮丽的长发远近皆知。国王送给她们每人100个漂亮的发夹。

有一天早上，大公主醒来，一如往常地用发夹整理她的秀发，却发现少了一个发夹。于是，她偷偷地到二公主的房里拿走了一个发夹。

二公主发现少了一个发夹，便到三公主房里拿走一个发夹；三公主发现少了一个发夹，也偷偷地拿走四公主的一个发夹；四公主如法炮制拿走了五公主一个发夹；五公主一样拿走六公主一个发夹；六公主只好拿走七公主一个发夹。于是，七公主的发夹只剩下了99个发夹。

隔天，邻国英俊的王子忽然来到王宫，他对国王说："昨天我养的百灵鸟叼回了一个发夹，我想这一定是属于公主们的，这真是一种奇妙的缘分，不晓得是哪位公主丢了发夹？"

公主们听到这件事，都在心里说："是我丢的，是我丢的。"

可是她们头上明明完整地别着100个发夹，所以都懊恼不已，却说不出。只有七公主走出来说："我丢了一个发夹。"

话才说完，七公主一头漂亮的长发因为少了一个发夹而全部散了下来。从此，王子与七公主一起过着幸福快乐的日子。

如果说前六位公主的100个发夹代表着一种完美的人生，七公主少了一个，她的人生也就等于有了缺憾。但是事实上，得到幸福的正是她，正因为这种缺憾的存在，让未来产生无限的可能、意外与未知，未尝不是一件值得开心的事。

其实，没有不存在缺憾的人生。问题只在于不同的人用不同的心态去面对，结果也将完全不同。世上的事常常不止有一种答案，对于很多事的判断都不能简单地归结为"这个好,那个不好"。在日常的生活和工作中,由于长期以来所受的教导和固有的观念,人们遇见各种情况总是以别人为参照物,首先检查自己有什么地方没有做好,分析自己的缺点和瑕疵,然后信誓旦旦下定决心:"下次我一定改正。"做得和别人一样。但是,问题随之而来,做得和别人一样是不是就代表最好呢,是不是就适合自己呢?

"金无足赤,人无完人。"既然每个人都有他的缺点,那么,何不忽略这一切,或是干脆将所有的欠缺化作特色,活出自己的棱角和个性,演绎出自己的那份精彩。当你拥有了这样的心态时,也就等于拥有了处事的精练豁达及宠辱不惊。不必去抱怨上天没有把我们塑造得完美无缺、无懈可击,因为完美并不意味着"一切都会好",相反,缺憾也不意味着不能获得成功,凡事没有绝对的。忽略缺陷而努力争取成绩,直到别人只看得见你的成就。

人们常说的一句话是:"失败并不可怕,可怕的是不敢面对失败。"而对于缺陷,人们要说的是:"有缺陷并不可怕,可怕的是总也忘不了自己的缺陷,而不懂得回避它、忽略它乃至遗忘它。"

大家所处的这个时代是一个以结果论英雄的时代。这并不纯粹是一种功利的现象,而是因为在忙碌繁华、高速运转的城市中,每个人都希望并都努力创造着自己的那片天空,搭建着自己的那座舞台,每个人的时间都有限,并不会总是留心别人,更不会总是留意你的缺陷,只会对于你在生活和工作中最终所显现的才华和能力叹息或喝彩。

俗话说:"台上一分钟,台下十年功。"换个角度理解,台下你所做的,别人是看不见的,人们所关注的只是你在台上所表现出的能力和成果。台下不为人知的一面,包括你的不足和你克服它们的过程,没人会提起,你在台上的精彩才是最重要的。

美国总统富兰克林·罗斯福曾经是一个非常脆弱胆小的男孩，他脸上的表情总是惶恐的，他的呼吸就像跑步后的喘气一样。一旦他被老师叫起来回答问题，立即就会双腿发抖，嘴唇不停颤动，回答得也含糊不清，最后只能重新坐下来。此外，因为长有一口龅牙，也不讨人喜欢。

换成其他的孩子，一定会对自身的缺陷十分敏感。但富兰克林·罗斯福从不自我怜惜，依然保持着积极乐观的心态和奋发进取的渴望。他的自信激发了他无限的奋斗精神，天生的缺陷促使他明白自己更应该努力奋斗。

他从不因为同伴的嘲笑而减少勇气，他让呼吸逐渐变成坚定的声音，他努力咬紧牙床不让嘴唇颤动，他用坚强的意志克服着自己的紧张。他不因自己的缺陷而气馁，这是凭着这种奋斗的精神和积极的心态，他终于成了美国总统。

在他晚年的时候，已经没有人再关注他曾有过的严重缺陷了。他用自己的人格魅力赢得了美国民众的爱戴，成了美国连任四届的总统，这种情况在美国的历史上前所未有。

罗斯福用他的成就彻底战胜自己的先天缺憾，就像经典电影《阿甘正传》的男主角一样，他确有不如人的地方，但因缺憾所产生的独特性是非常珍贵的。并且，抛去缺憾不提，在他所擅长的领域，他甚至做得比一般人更加出色。

在大体相同的情况下，两个人都聪明地选择了不去刻意修补自己的缺陷，甚至把缺陷作为优势。阿甘克服了腿脚的缺陷，靠奔跑改变了命运，靠奔跑作出了许多不可思议的壮举；罗斯福则因为这份天生的缺憾，促使他比别人付出更大的努力，去赢得别人的尊重和赞赏。当他们取得骄人的成就后，曾经的缺憾也就变得不再重要，人们看见的只是他们头顶笼罩的光环。

掌握局势并突破局限性，才能形成新的优势。在把劣势转化为优势的过程中需要智慧,不能盲目地改变,但同时非常重要的一点是,你要非常熟悉所处的环境及背景,甚至要做到眼观六路、耳听八方,综合各种因素条件。只有对全局有通透、全面的了解,你才能知道什么是优势,才能把握好各种客观要素,最大限度地把劣势变成优势。

当阿诺德·施瓦辛格成为一名职业演员的时候,他有一个弱点:浓重的奥地利口音。这本来是一个弱点,但是当奥地利口音和他扮演的动作英雄的魅力混合在一起的时候,弱点就变成了优点。口音成为他所塑造人物的一个特征,人们也纷纷仿效。

美国一家电视台的一个节目中有一个杰出的踢踏舞舞者贝茨,被称为"木腿贝茨"。贝茨在早年失去了一条腿,这样的弱点会令大部分人放弃成为职业舞者的梦想。但是对于贝茨来说,失去一条腿不是他的弱点,他反而把这种弱点变成了一种优势。他把一个踢踏板安装在木腿的底部,发展出一种切分音式的踢踏舞风格,使他在演出中脱颖而出。

当一个人面对困境的时候,学会把劣势转化为优势就更为关键,往往能够令人绝处逢生。

基金募集大师迈克尔·巴斯奥福因为将不被看好的成员发展为最好的基金募集人而震惊西方世界。他知道弱点可以转化为优点。比如说,如果基金会有一个害羞的秘书和他一起工作,他就会让那位害羞的秘书成为"最佳的倾听者"。很快,捐赠的人都迫不及待地要同这位害羞的秘书谈话,因为她是一个绝佳的倾听者,让说话的人感到自己非常重要。

美国励志大师史蒂克·钱德勒早年的一个弱点是同别人谈话有障碍。

他对自己同别人交谈的能力没有自信，因此养成了给别人写信和写便条的习惯。过了一段时间，他成了写信和写便条的高手。他把弱点转化成了力量，写的信和便条拓展了他的关系网。

哈佛大学认为，任何人只要愿意控制自己的弱点，愿意接受积极思想，就能够使自己的弱点发生变化。

傅佩荣上小学时，隔壁搬来的新邻居家中的小孩说话口吃，他觉得好玩就跟着说，没想到自己因此成为严重的口吃者。

那时候，傅佩荣上课很害怕被老师叫起来回答问题，每次总是面红耳赤，支支吾吾地说不出半个字，惹得全班哄堂大笑。别的班的小朋友知道了，还邀他去他们班上演讲，以此来捉弄他。

为了维持自尊，傅佩荣非常认真地念书，用功课来弥补口吃的缺憾。他说："人生不能没有考验，口吃的毛病曾让我非常自卑，却同时启发了我，要在其他地方证明自己的价值。"

从小学三年级到高中，傅佩荣就这样生活在口吃的阴影下，直到高二才去参加口吃矫正班，慢慢地学习说话技巧，而一直到哈佛大学念完了博士，他才彻彻底底改掉了口吃的毛病。

傅佩荣在不断克服自己口吃的缺点的同时，努力提高自己的学识和修养，终于成为名嘴。

人都有弱点，不同的是，普通人让弱点成为羁绊，一事无成；而成功者却能克服甚至开发自己的弱点，将其转化为优点。世界是公平的，绝不会因为一个人身体有缺陷而剥夺他的成功与幸福，也不会因为一个人性格的腼腆而掩盖他的荣耀和风采。每个人都有着相同的机会，就要看你是否有信心、有毅力去把握它了。

第五课

你的努力用对地方了吗

哈佛大学有一句名言："不知道
要去哪里的人哪里也去不了。"

现在是你找准航向的时候了

没有目标，日子便会结束，像碎片般消失。

——哈佛箴言

没有明确的目标，是人生最可怕的敌人。目标是一盏明灯，可以照亮前进的路；目标是一个罗盘，为人们指引人生的航向；目标是一个路牌，在人们感到迷茫的时候，为你指明方向；目标是一个火把，能让潜能燃烧，助你飞向梦想的天空。

比塞尔是西撒哈拉沙漠中一个很有名的地方，每一年都有数以万计的旅游者来到那里，它是撒哈拉沙漠中一颗璀璨的明珠。

比塞尔是一个景色宜人的地方，在还没有被肯·莱文发现之前，那里封闭而落后。对于每一个比塞尔人来说，他们从来没有走出过这片沙漠，不是对这块贫瘠的土地有多留恋，而是经历过无数次的失败，他们发现，要想走出去无异于天方夜谭。

肯·莱文偶然来到比塞尔，得知比塞尔人世代都无法走出大漠，感到有些不可思议。后来，为了证明这个说法，他雇用了一个当地人，让他来带路，看是否真如传言所说的那样。

肯·莱文带了半个月的水，牵了两头骆驼，并没有使用指南针等科学设备，只是挂了一根木棍，跟在当地人的后面，开始了他们的探险。

过了整整10天，肯·莱文和他的向导走了1300千米的路程。在这期间，肯·莱文已经迷失了方向。到了第11天，他们又回到了比塞尔。

通过这一次试验，肯·莱文终于明白了，比塞尔人之所以走不出去，是因为他们不会正确地识别方向。当他们在一望无垠的沙漠中行走的时候，只是单纯地凭着感觉往前走，这使得每一个想要走出沙漠的比塞尔人都不约而同地走出了大小不一的圆圈，他们的足迹像一把卷尺，最终还得回到比塞尔。

比塞尔处在浩瀚沙漠中的中间地带，方圆上千里内没有一个参照物。当地人没有指南针，也不认识北斗星。因此，想要单靠感觉走出这片沙漠是万万不可能的。

在离开比塞尔之前，肯·莱文告诉他雇用的那个青年："白天休息，夜幕降临的时候，朝着北面的那颗星的方向走，一定能走出这片沙漠。"青年人照着肯·莱文说的做了，果然在几天之后就成功走出了沙漠。这个青年人叫作阿古特尔，他是第一位走出比塞尔的当地人，从此被视为比塞尔的开拓者。小城的中央竖立着阿古特尔的铜像，铜像的底座上刻着一行字："新生活是从选定方向开始的。"

人生的旅程就像是一个人走在无垠的荒漠中，没有目标的指引，可能就会迷失方向，永远走不出生活给你设定的圈子。只有拥有明确的目标，朝着正确的方向前进，人生才会充满希望。

任何一次行动之前，最好给自己制定明确而有力的目标。如果缺少了目标，你往往会不知所措。希尔认为："所有成功，都必须先确立一个明确的目标。当对目标的追求变成一种执着时，就会发现所有的行动都会带领你朝着这个目标迈进。"

一个人要想成就一番事业，就应该有一个明确的奋斗方向。如果没有明确的目标，就好像迷失在沙漠里一样，只能徒劳地转着一个又一个圈子。所以，要成功就必须有目标，它才是成功的起点。

生活中，谁都想很快地登上成功的宝座，谁都不愿意让自己站在一个低起点上去奋斗拼搏。但每个人的实际情况是截然不同的，有的智商高，家庭条件好；有的不是很聪明，家庭条件不好。如果不管先天条件是不是一样而强求的话，只会带来不必要的包袱。所以，应该学着将自己的目标定得实际一点，这样才能将目标变成真正的动力，而不是阻力。懂得放弃，其实也不失为生活的一种智慧，有时主动降低自己的起点，也会多一份自信，也会成功积累更多的资本。

一艘没有航行目标的船，任何方向的风都是逆风。坚定的目标是成功的起点，明确而坚定的目标加上积极的心态，就是成功的开始。有了正确的意识和积极的心态，你就能看到周围的一切都存在着无限的机遇与可能。在目标的伴随下，你才会顺风而行。

多设想一下若干年后的自己

如果一艘航行中的船没有罗盘，它就不知道朝什么方向航行，不知道什么时间到达目的地。

——哈佛箴言

美国有一个研究成功的机构，曾经长期追踪观察100个年轻人，直到他们年满65岁。结果发现，在这100个人中，只有一个人非常富有，5个人经济有保障，剩余的94个人晚年生活十分拮据，可以说是失败者。而这晚年拮据的94个人之所以会如此，并非因为年轻时努力不够，主要是因为他们没有选定清晰的人生目标。

从这个案例中能清楚地看到，拥有清晰的目标，会对未来的人生产生重大影响。

这与学习是同样的道理。当你在开始学习之前，应该好好思考一下学习的目的是什么，仅仅是为了增加自己的学历，还是要将所学的知识运用于实践，或是其他什么目的。只有先明确了目标，才能够更好、更合理地安排自己的学习时间和学习内容。

有远大的目标是好的，但是俗话说："望山跑死马。"通常，人们制定的远大目标让人看起来遥不可及。这时候，千万不要被目标吓倒，而是应该冷静下来，分析自己距离目标有多远，知道了自己与目标的差距，也就知道了自己该努力的方向和坚持的程度。毕竟只有一个远大的目标还是不够的，还应该明确自己与目标之间的差距，并依据差距来制定每一阶段的精神目标。这样一来，只要你努力完成下一个目标，就能一点点地缩短与最终目标的距离。

19岁的迈克尔在休斯敦的一家航天实验室工作。虽然这里待遇优厚，但是环境沉闷，迈克尔希望改变自己的现状。他心中一直有创作音乐的梦想，但是不擅长写歌词，于是找到善写歌词的凡尔芮同他一起创作。当凡尔芮了解到迈克尔对音乐的执着及目前不知如何入手的迷茫时，决定帮助他实现梦想。于是，凡尔芮问迈克尔："你想象中的五年后的生活是什么样子的？"

迈克尔沉思片刻，说道："五年后，我希望自己会有一张唱片在市场上销售，我想住在一个有音乐氛围的地方，能够天天和世界一流的音乐人一起工作。"

凡尔芮说："那么，我们现在就看看你和你的目标之间的差距有多远吧。现在,你有固定的工作,音乐创作的时间非常有限。而你想要达成梦想,音乐就是你生活和工作的主要甚至全部内容,这就是差距所在。"

凡尔芮继续说道:"现在我们把你的目标反推回来。如果第五年你想有一张唱片在市场上销售,那么第四年就一定要和一家唱片公司签约;第三年就要有一首完整的作品,可以拿给很多唱片公司听;第二年,你一定要有很棒的作品开始录音;第一年,你就要把所有准备录音改好,然后逐一进行筛选;第一个月,你就要把目前手中的这几首曲子完工;第一个礼拜,你就要先列出一张清单,排出哪些曲子需要修改,而哪些需要完工。你看,现在我们不就知道你下个星期应该做什么了吗?"

凡尔芮接着说道:"如果你五年后想要生活在一个音乐氛围的地方,与一流的音乐人一起工作,那么第四年就应该有一个自己的工作室或录音室;第三年,你可能就得先跟这个圈子里的人一起工作;第二年,你就应该搬到纽约或洛杉矶去住了。"

凡尔芮的一番话让迈克尔大受启发。很快地,他就辞职去了现有的工作,搬到洛杉矶。时隔六年,迈克尔的唱片大卖,一年卖出了几千万张,而且每天都与顶尖的音乐人在一起工作。正是凡尔芮冷静地找出差距,并一步步地进行分析,给迈克尔指出了一条通往梦想的道路。

设想一下若干年后的自己,想象中的自己就是你奋斗的目标。比如,今天的自己与15年后的自己之间有什么差别?找到差距以后,就该努力地提高自己,弥补差距,使自己距离目标越来越近。

在现实生活中,有许多人会因为目标过于远大或理想过于崇高而轻易放弃,若能够懂得为自己设定小目标便能够较快地获得令人满意的成绩,而每一个小目标都是按照自己目前所拥有的能力来制定的,只要努力就能够完成。这样一来,心理上的压力也会随之减小。当你逐步达成每一个小目标时,就意味着你总有一天会达到最终的目标。

享誉美国的零售业大王伍尔沃夫年轻的时候非常贫穷，曾经有一段时间生活在乡下，一年中几乎有半年的时间连鞋都穿不上。

最初，他向别人借了300美元，开了一家所有商品的售价都是5美分的小店。虽然他在纽约设立的第一个店铺因为营业额太低，经营失败了。可是在以后的时间里，他稳扎稳打、慢慢扩展他的事业。10年之后，他就有了10家分店。

之后，伍尔沃夫以自己的努力，一跃成为整个美国最闻名的投资者，他建立起了当时世界上最高的大厦，也就是纽约市鼎鼎有名的伍尔沃夫大厦。他用现金全额支付了高达1400万美元的建筑费用，甚至还在自己的住宅里放置了一台价值10万美元的管风琴。

伍尔沃夫的成功来自他母亲传授给他的积极向上的思想。当他还是个穷小子的时候，每次遭遇挫折、感到垂头丧气的时候，他的母亲前去看他，总是把他的手紧紧握住，并鼓励他："不要灰心，总有一天你会成为有名的富翁的。"于是，伍尔沃夫逐渐明确了自己的生活目标，并采取了一系列积极的行动。

一个没有目标的人就像一艘没有舵的船，永远漂流不定，只会到达失望、失败和丧气的海滩。

美国财务顾问协会的总裁刘易斯·沃克曾接受一位记者采访。他们聊了一会儿后，记者问道："到底是什么因素使人无法成功？"

沃克回答："模糊不清的目标。"记者请沃克进一步解释。他说：

"我在几分钟前就问你，你的目标是什么？你说希望有一天可以拥有一栋山上的小屋。这就是一个模糊不清的目标。问题就在'有一天'不够明确。因为不够明确，成功的机会也就不大。

"如果你真的希望在山上买一间小屋,你必须先找出那座山,找出你想要的小屋现值,然后考虑通货膨胀,算出5年后这栋房子值多少钱。接着,你必须决定,为了达到这个目标,每个月要存多少钱。如果你真的这么做,可能在不久的将来就会拥有一栋山上的小屋。但如果你只是说说,梦想就可能不会实现。梦想是愉快的,但没有配合实际行动计划就只是妄想而已。"

人生是一张单程旅行,人的时间和精力也是有限的。在这条单行线上徘徊、迷茫、迂回的时间越长,生命消耗得就越快,为自己最想要的而奋斗的时间、精力就越少。因此,人之初就要明确地了解自己想要什么,如果连自己一生想要的是什么都不知道,那还奢望能够得到什么呢?

所以,从现在开始,按照罗盘的指示驾驶人生的航船,向着目的地进发吧。记住,为自己想要的目标火力全开。不要为了航路上的小鱼小虾而耽误航程,因为精力有限,要只做对实现目标有益的事。小草知道自己想要的是繁育成片的绿洲,树苗知道自己想要的是成长为参天的大树,雄鹰知道自己想要的是任由翱翔的苍穹。它们了解自己想要的是什么,并致力追求,也因此成就了不同的生灵,那么人又该是怎样的呢?

人也同样要明确自己想要的是什么,只有明确这一点才能致力追求自己想要的东西,成就自己的人生。

学习也是如此,当你将自己的学习目标设定得十分远大时,很可能自己就会先被吓到。但是如果能够根据自己的学习目标,将所要做的事情记在一张纸上,就成了一张表。等你养成这样一个良好的习惯时,就会使自己每做一件事,朝自己的目标靠近一步。比如,你可以把目标分解,明确落实到每一天、每一个星期、每一个月甚至每一个季度。但只有计划远远是不够的,最重要的还是要付诸实践来完成它。

要树立人生目标,这样你才知道生活的航向,才能懂得生活还有新的追求。但是比树立目标更重要的是用行动去实现所谓的目标，只有下定决心，历经学习、奋斗、成长，才有资格摘下成功的甜美果实。

合理的目标是激活潜能的催化剂

在现实生活中，有太多太多的人因为没有目标而白白地耗费了一生。有了明确的目标，生活就有了方向，成功就有了希望。

——哈佛箴言

有一对夫妇，他们有两个孩子。孩子还小的时候，父母决定为他们养一只小狗。小狗抱回来以后，他们想请一位朋友帮忙训练这只小狗。在第一次训练前，女驯狗师问："小狗的目标是什么？"夫妻俩面面相觑："一只小狗的目标？那当然就是当一只狗了。"女驯狗师极为严肃地摇了摇头说："每只小狗都得有一个目标。"

夫妇俩商量之后，为小狗确立了一个目标："白天和孩子们一起玩，夜里要能看家。"后来，小狗被成功地训练成了孩子的好朋友和家中财产的守护神。

这对夫妇就是美国前副总统阿尔伯特·戈尔和他的妻子迪帕。他们牢牢地记住了这句话："每只小狗都得有一个目标。"推而广之，做一个人更要有目标。

这就是目标的重要性。没有目标，一切的想法都只是停留在空想之中；

有了目标，人生才会有努力和奋斗的方向，奋斗也会变得更加有动力。

在任何年代、任何国家，大多数人只能做普通的工作，有普通的收入；少数人在高层作决断。然而，人们往往忽视了，这些身处顶端的人也曾经处在底部，他们是一步一步地攀上金字塔的顶部的。

1952年，默多克的父亲因病去世了，未满22岁的默多克接手了父亲在澳大利亚的报业集团。

经过思考、转让、合并，默多克保住父亲的两份报纸。他又担任了《新闻报》和《星期日邮报》的出版人，兼并了《星期日时报》而后收购了《镜报》，默多克决心以英国的《每日镜报》为榜样，办好这份报纸。

《镜报》的地位刚刚巩固下来，默多克又不停顿地扑向新的目标。他想创办一份全国性的报纸，这是默多克一直以来的愿望。而创办一份成功的全国性报纸，在大多数办报人心目中只不过是一场梦。但默多克决心让梦想成真。他断定，一份严肃的全国性报纸一定会获得成功，它将会是《纽约时报》和《华尔街日报》的一种混合体。经过不懈努力，《澳大利亚人报》诞生了。

许多人称《澳大利亚人报》是默多克的另一面。因为这张刊载金融和政治事务的正儿八经的日报，同那些通俗的大众化小报形成了截然不同的两个极端。事实上，这份报纸一直在赔钱。为了荣誉，默多克一直坚持下去。直到15年后，《澳大利亚人报》才开始赢利。

1968年，新婚不久的默多克登上了英伦三岛。一到英国，默多克自然就想到了英国那份著名的报纸《每日镜报》，可是时机还不成熟，他转而把眼光瞄向了《世界新闻报》。经过一番周折，他掌握了这份报纸的主要股份。

默多克的报纸为迎合读者口味，采用耸人听闻的报道，这一点越来越受到一些人的批评。但默多克坚持强调，他只能为公众提供他们喜闻乐见的东西。他的报纸销量猛增而竞争对手一落千丈的事实，证明他的策略行之有效。

20世纪70年代，默多克又买下了《太阳报》。一年之内，其发行量就从80万份猛增至200万份！20世纪80年代末期，这份报纸超过《每日镜报》，成为英国最畅销的日报之一，成为默多克的摇钱树。这次成功，使默多克成了"百年不见的风云人物"。

默多克的行事作风与成就，很难让伦敦那些高傲而保守的人满意，有人诽谤他是个"澳大利亚乡下人""肮脏的掘地佬"。为此，他十分恼火。在他看来，英国人是傲慢的，而伦敦的《泰晤士报》集中体现了这点。虽然不赚钱，却有着极高的地位和影响。从20世纪70年代以来，《泰晤士报》遭到严重的经济危机。在这种处境艰难的时刻，默多克乘虚而入，成功收购了它，最终结束了其从不赚钱的历史。

到了20世纪80年代末期，默多克占有全英国报纸发行量的35%，成为英国报业的执牛耳之人。

默多克成功并不是一步登天的，即使他从一开始就有宽裕的环境，但今天的成功是靠他一个一个目标实现，最后积累下来的。直到今天，默多克依然没有停止他扩张的步伐。当别人以为他进入电影领域后会停下来时，他又涉足了卫星电视领域、图书出版领域。

显然，成功者总是那些有目标的人，鲜花和荣誉从不会降临到那些没有目标的人头上。

许多人怀着羡慕、嫉妒的心情看待那些取得成功的人，总认为他们取得成功的原因是运气好、有外力相助，于是感叹自己的运气不好。殊不知，成功者取得成功的原因之一，就是确立了明确的目标。一个人有了明确的奋斗目标，也就产生了前进的动力。目标不仅是奋斗的方向，更是一种对自己的鞭策。

一个没有目标的人就像一艘没有舵的船，永远漂流不定，只会到达失望、失败和丧气的海滩。有理想、有追求、有上进心的人，一定都有一个明确的奋斗目标。

只有确立了前进的目标，一个人才会最大可能地发挥自己的潜力。在实现目标的过程中，你才能够检验出自己的创造性，调动沉睡在心中的那些优异、独特的品质，从而锻炼自己、造就自己。

生活的动力源于正确的目标

有限的目标会造成有限的人生。所以在设定目标时，要尽量伸展自己。这样，你才能为充分发展自我奠定良好的基础。

——哈佛箴言

人们问职业篮球高手迈克尔·乔丹，是什么因素造成他不同其他职业篮球运动员的表现，而能多次赢得个人或球队的胜利呢？是天分，是球技，抑或是策略？他会告诉你："NBA里有不少有天分的球员，我也可算是其中之一。可造成我跟其他球员截然不同的原因是，你绝不可能在NBA里找到我这么拼命的人。我只要第一，不要第二。"

乔丹念高中一年级时，被学校篮球队退训。回到家，他哭了一个下午。在那个重大打击下，很多人认为可能就此决定不再打篮球了。可是他没有，反而把这个教训转变为强烈的愿望，为自己制定一个更高追求的标准。他的决定很坚决，由此改变了自己的命运，也让篮球比赛的发展为之创造了新的纪录。

他不仅要重新成为球队的一员，并且还给自己设置了"只要第一，不要第二"的目标。

在高一的暑假中，他找到校队教练克里夫顿·贺林去寻求帮助，每天在他的指导下进行密集训练。终于，他被选为校队参加比赛。10年之后，他更证明了NBA芝加哥公牛队教练道格·柯林斯的见解："准备得越充足，幸运就越会跟着来。经常有很多人不愿意给自己制定目标，因为害怕失败所引致的失望，然而他们不懂得'设定目标乃是成功的基石'。"

你的目标中，必须含有某种能激励自我拓展、自我要求的要素，而这些要素也会帮助你不断成长、改变、进步。

一个真正的目标必定充满挑战性，正因为它具有挑战性，又是由你自己所选择的，所以你一定会积极地想完成它。换句话说，你的目标不仅是一种挑战，也是激励你的原动力。

一个女孩在18岁之前是个不知道自己想要什么的人，每天在艺校里跟着同学唱唱歌、跳跳舞。偶尔有导演来找她拍戏，她就会很兴奋地去拍，无论角色多么小。直到1993年的一天，教她专业课的老师突然找她谈话，老师问她："你能告诉我你未来有什么打算吗？"女孩一下子愣住了。她不明白老师怎么突然地问她如此严肃的问题，更不知该怎样回答。

老师又接着问她："你满意现在的生活吗？"她摇摇头。

老师笑了："不满意的话，证明你还有救。你现在想想，10年以后，你会怎样？"

老师的话很轻，落在她心里却变得很沉重。她脑海里顿时风起云涌。沉默许久后，她说："我希望10年以后自己能成为最好的女演员，同时可以发行一张属于自己的音乐专辑。"

老师问她："你确定了吗？"她慢慢咬紧嘴唇："是。""好，既然你确定了，我们就把这个目标倒着算回来。10年以后，你28岁，那时你是一个红透半边天的大明星，同时出了一张专辑。那么你27岁的时候，除了接拍各种名导演的戏以外，一定还要有一个完整的音乐作品，可以拿去很多很多的唱片公司试听。25岁的时候，在演艺事业上你要不断进行学习和思考。另外，你还要有很棒的音乐作品开始录制了。23岁必须接受各种各样的培训和训练，包括音乐上和肢体上的。20岁的时候，开始作曲作词，并在演戏方面接拍大一点的角色……"

老师的话说得很轻松，却让她感到一种恐惧。这样推下来，她应该马上着手为自己的理想作准备了。可是她现在什么都不会，什么都没想过，仍然为小侍女、小舞女之类的角色沾沾自喜。她觉得一种强大的压力忽然向自己袭来。老师平静地笑着说："要知道，你是一棵好苗子，但是你对人生缺少规划。如果你确定了目标，希望你从现在就开始做。"

听了老师的话，她的内心犹如醍醐灌顶。从那时起，她比以前更加努力了，明白要实现自己的梦想，就一定要从现在做起，时刻都要为了以后打基础。毕业后，她开始对角色认真筛选。渐渐地，她被大家接受了，她慢慢尝到了成功的喜悦。

这个女孩就是如今的明星周迅。从1991年到2008年，17年间，周迅拍摄各类题材的影视剧37部，成为32种知名品牌的形象代言人。百花奖、金紫荆奖、金像奖、金马奖等，她都先后一一问鼎，她的歌曲也深受广大歌迷的喜爱。毫无疑问，所有这些成就的取得都是周迅牢记老师的话，确定目标并从现在做起的结果。

哈佛大学这样认为，远大的目标就是推动人们前进的梦想。随着这梦想的实现，你会明白成功的要素是什么。没有远大的目标，人生就没有瞄准和射击的目标，就没有更崇高的使命能给你希望。正如道格拉斯·勒顿说的："你决定人生追求什么之后，你就作出了人生最重大的选择。要能如愿，首先要弄清你的愿望是什么。"有了理想，你就看清了自己想取得什么成就。有了目标，你就有一股无论顺境还是逆境都勇往直前的冲劲，目标使你能取得超越自己能力的东西。

如果你有方向，请行动起来

那些志存高远的人所取得的成就必定离起点很远。即使你的目标没有完全实现，你为之付出的努力本身也会让你受益终身。

——哈佛箴言

有一位父亲带着三个孩子到沙漠去捕捉骆驼。

父亲问老大："你看到了什么？"

老大回答："我看到了猎枪、骆驼，还有一望无际的沙漠。"

父亲摇摇头说："不对。"之后，父亲以同样的问题问老二。

老二回答："我看到了爸爸、大哥、弟弟、猎枪，还有沙漠。"

父亲又摇摇头说："不对。"父亲又以同样的问题问老三。

老三回答："我只看到了骆驼。"父亲高兴地说："答对了。"

上述的故事告诉人们，目标确立之后，就必须心无旁骛，集中全部的精力，注视目标，并朝着目标勇敢地迈进，这是迈向成功的第一步。

表现杰出的人士都是遵循着一条类似的途径以达成功的，美国学者称这条途径为"必定成功公式"。这一途径的第一步是要知道你所追求的，也就是要有明确的目标；第二步就是要知道该怎么去做，否则你只是在做梦。

如果你仔细留意成功者，他们都遵循这些步骤。一开始先有目标，明确前进的方向，然后采取行动，接着是拥有判断和选择的能力，知道该如何去做，最后不断调整，直到成功为止。

辛勤工作并不表示你真正投入工作了。同样砌砖墙，有的人默默埋头苦干，觉得工作很无聊，但还是认命地做下去；有的人却一面砌一面想象这座墙砌成后的面貌，上面也许会爬满玫瑰花，孩子们也许会攀在墙头看风景等，他努力砌墙的同时，眼睛已经看到努力的成果了。前一个砌墙人虽然卖力，但其实与牛马差不多，在既有的工作上打转，生活对他而言是一种苦刑。后者却能陶醉在工作中，一面工作，一面思考改善，工作不仅不让他觉得无聊，还让他有机会成为这一行的高手。

一个叫泰莉的空中小姐，很喜欢环游世界，另一个空中小姐宝玲也一样，但她还希望有自己的事业，最好与旅游有关。宝玲每到一个地方就不停地记下她经历到的一切，尤其是当地的旅馆及餐厅状况，并不时把自己的经验提供给乘客。

终于，她被调到安排旅游行程的部门，因为她就像一本活百科全书，掌握的旅游知识非常丰富。她在那个部门如鱼得水，更掌握了世界各大城市的旅游动态。几年之后，她已拥有一家自己的旅行社。

泰莉呢？她还是一个空中小姐，还是努力工作，但显然并没有什么升迁机会，唯一能改变现状的大概只有结婚。事实上，泰莉和宝玲一样卖力工作，但泰莉没有目标，只是随兴地到世界各地玩，没有把旅行看作发展潜力的活动。

如果一个人知道自己的目标，并且能完全投入，机会就会不断出现。人都有惰性，即使一心想成功的人，一样有提不起劲的时候。不过，只要你承认这点，并坚持不向惰性屈服，你的成功便指日可待。

美国前总统克林顿算不上天才人物，他能登上美国总统的宝座，与他中学时代的一次活动有一定关系。

克林顿的童年很不幸。他出生前4个月，父亲就死于一次车祸。他母亲因无力养家，只好把出生不久的克林顿托给自己的父母抚养。童年的克林顿受到外公和舅舅的深刻影响。他从外公那里学会了忍耐和平等待人，从舅舅那里学到了说到做到的男子汉气概。他7岁随母亲和继父迁往温泉城，不幸的是，双亲之间因性格不合而发生激烈冲突。继父嗜酒成性，酒后经常虐待克林顿的母亲，小克林顿也经常遭其斥骂。这给从小就寄养在亲戚家的小克林顿的心灵蒙上了一层阴影。

不幸的童年生活，使克林顿形成了尽力表现自己来争取别人喜欢的性格。克林顿在中学时代非常活跃，一直积极参与班级和学生会活动，并且有较强的组织和社会活动能力。他是学校合唱队的主要成员，而且被乐队指挥定为首席吹奏手。

1963年夏，他在"中学模拟政府"的竞选中被选为"参议员"，应邀参观了首都华盛顿，这使他有机会看到了真正的政治。参观白宫时，他受到了肯尼迪总统的接见，同总统握手而且合影留念。

此次华盛顿之行是克林顿人生的转折点，使他的理想由当牧师、音乐家、记者或教师转向了从政，梦想成为肯尼迪第二。

有了目标和坚强的意志，克林顿此后30年的全部努力都紧紧围绕这个目标。上大学时，他先读外交，后读法律——这些都是政治家必须具备的知识修养。离开学校后，他一步一个脚印：律师、议员、州长，最后是美国政治家的巅峰：总统。

要达成伟大的成就，最重要的秘诀在于确定你的目标，然后为之全力以赴，这样才能赢得辉煌的人生。

梦想的达成，少不了目标的管理

人生就像爬阶梯一样，必须一步一阶，丝毫取巧不得。只要一步一阶，终必抵达山顶。

——哈佛箴言

查理·库冷先生曾以一种有意义的方式表示了他的创意。他说："成为伟大的机会并不像急流般的尼亚加拉瀑布那样倾泻而下，而是缓慢的一点一滴。"

哈佛大学认为，目标也是这样。当你有一个大目标时，一下子实现并不是那么容易，要化整为零，将大目标分解为小目标。你把一个个小目标实现了，离大目标也就越来越近了。

制定了目标，是不是就一定万事大吉了呢？俄国著名作家列夫·托尔斯泰曾给自己确定了一个生活的准则，他强调"人活着要有生活的目标：'一辈子的目标，一段时间的目标，一个阶段的目标，一年的目标，一个月的目标，一个星期的目标，一天、一小时、一分钟的目标。'"有了目标，你还要为实现目标写计划。也就是说，把大目标分解为一个个具体可行的小目标，每天都努力地向目标靠近，哪怕每天靠近一点点，也不要将自己的目标束之高阁。

比如一个人，他的人生目标是当一位有知名的骨科医生，为所有骨科患者服务。现在看来这个目标或许太大，无法实际操作。因此要进一步分解，他的目标可以分解为高中每学年的目标，初中每学年的目标，每学期的目标，每个月的目标，每天的目标。将大目标变成了每天都可以操作实践的小目标，这样就可以使人坚持不懈地督促自己。当然，不同的目标有不同的分解方法。之所以这样做，是为了保证目标的连续性和可操作性。只有每个小目标实现了，你的大目标才有可能变为现实。千万不要好高骛远，制定的目标一定要切合自己的实际情况。如果你好高骛远，所制定的目标无法实现，那就毫无价值了。

25岁的时候，普雷斯失业并面临挨饿。他以前在伊斯坦布尔、巴黎、罗马都尝过贫穷挨饿的滋味。然而在纽约，处处充溢着富贵气息，使他觉得失业的可耻。

普雷斯不知道该怎么办。他能写文章，但不会用英文写作。他只好在马路上东奔西走，目的不是为了锻炼身体，而是因为这是躲避房东的最好办法。

一天，普雷斯在第42号街碰见一个高个子，立刻认出他是俄国的著名歌唱家夏里亚宾先生。普雷斯记得自己小时候常常在莫斯科帝国剧院欣赏这位先生的表演。后来，普雷斯在巴黎当新闻记者，去采访过他。普雷斯以为他是不会认识自己的，然而他还记得普雷斯的名字。

"很忙吧?"夏里亚宾问普雷斯。普雷斯含糊回答了他，想："他一眼就看出了我的境遇。"

"我的旅馆在第103号街，百老汇大街转角，跟我一同走过去，好不好?"他问普雷斯。

费雷斯心想："走过去?现在时间是中午，我已经走了5个小时的马路了。"

"但是，夏里亚宾先生，还要走60个路口，路不近呢。"

"谁说的?"夏里亚宾反驳道，"只有5个路口。"

"5个路口?"普雷斯觉得很诡异。

"是的，"他说，"但我不是说到我的旅馆，而是到第6号街的一家射击游艺场。"

这有些答非所问，普雷斯只好顺从地跟着他走。他们一下子就到了射击游艺场的门口，看着两名水兵好几次都打不中目标。然后，他们继续前进。

"现在，"夏里宾说，"只有11个路口了。"普雷斯摇摇头。

不多一会儿，走到卡内基音乐厅，夏里亚宾说："我要看看那些购买戏票的观众究竟是什么样子。"几分钟之后，他们又前进了一段路。

"现在，"夏里亚宾愉快地说，"离中央公园的动物园只有5个路口了。里面有一只猩猩，它的脸很像我所认识的唱中音的朋友。我们去看看那只猩猩。"

又走了12个路口，已经来到百老汇大街，他们在一家小吃店前面停了下来。橱窗里放着一坛咸萝卜。夏里亚宾遵医嘱不能吃咸菜，于是他只能隔窗望着。"这东西不坏呢，"他说，"使我想起了我的青年时期。"

普雷斯走了许多路，原该筋疲力尽了，可是奇怪得很，今天反而比往常好些。这样忽断忽续地走着，走到夏里亚宾住的旅馆的时候，夏里亚宾满意地笑着："并不太远吧? 现在让我们来吃午餐。"

在那顿满意的午餐之前，夏里亚宾解释给普雷斯听，为什么要走这许多路的理由。"今天的走路，你可以常常记在心里。"这位大音乐家庄严地说，"这是生活艺术的一个教训：你与你的目标之间，无论有怎样遥远的距离，切不要担心。把你的精神集中在5个路口的短短距离，别让遥远的未来使你烦闷。常常注意于未来24小时内使你觉得有趣的小玩意。"

夏里亚宾先生把60个路口一次又一次地分割成更小的目标，最终分割到5个路口。每次只是走一段路实现一个小的目标，而未来目标实现起来就容易多了。

在人生的道路上，每一个人最初之时都有远大的目标。可是，最终实现的人又有多少，半途而废丧失信心的人又有多少？

1984年，在东京国际马拉松邀请赛中，名不见经传的日本选手山田本一出人意外地夺得了世界冠军。当有人问他凭什么取得如此惊人的成绩时，他说了这么一句话："凭智慧战胜对手。"

当时，许多人认为，这个偶然跑到前面的矮个子选手是在故弄玄虚。大家都认为马拉松赛是考验体力和耐力的运动，只要身体素质好又有耐性就有望夺冠，爆发力和速度都还在其次，说用智慧取胜确实有点让人产生怀疑的心理。

几年后，意大利国际马拉松邀请赛在意大利北部城市米兰举行，山田本一代表日本参加比赛。这一次，他又获得了世界冠军。有人又问他有什么秘诀。山田本一回答的仍是上次那句话："凭智慧战胜对手。"

10年后，在山田本一的自传中，这个谜底终于被解开了："每次比赛之前，我都要乘车把比赛的线路仔细地看一遍，并把沿途比较醒目的标志画下来，比如第一个标志是银行；第二个标志是一棵大树；第三个标志是一座红房子……这样一直画到赛程的终点。比赛开始后，我就奋力地向第一个目标冲去。等到达第一个目标后，我又以同样的速度向第二个目标冲去。40多千米的赛程，就被我分解成这么几个小目标轻松地跑完了。起初，我并不懂这样的道理，把目标定在40多千米外终点线上的那面旗帜上。结果，我跑到十几千米时就疲惫不堪了，被前面那段遥远的路程给吓倒了。"

可见，他用的是分解目标这一智慧，这的确是一个很不错的方法。

一只新组装好的小钟放在两只旧时钟当中。两只旧时钟"嘀嗒""嘀嗒"一分一秒地走着，其中一只旧时钟对小钟说："你也该工作了，可是我有点担心，你走完3300万次后，恐怕便吃不消了。"

"天哪，3300万次。"小钟吃惊不已，失望地说，"要我做这么大的事？办不到，办不到。"

另一只旧时钟听见了，说："别听它胡说八道，不用害怕，你只要每秒钟'嘀嗒'摆一下就行了。""天下哪有这样简单的事？"小钟愉快地说，"只要这样做，那就容易多了。好，我现在就开始。"小钟很轻松地每秒钟"嘀嗒"摆一下，不知不觉中，一年过去了，它摆了3300万次。

对于一个大目标，人们会觉得根本无法实现，常常会因为目标的遥远和艰辛感到气馁、忧伤，甚至怀疑自己的能力。而对于一个小目标，人们往往充满信心地完成。

有些急功近利的人，一开始就给自己定下大目标。当他发现目标离自己仍很远时，就会因为自卑而放弃一如既往的努力。其实，你可以把每个大目标分成无数个可以实现的小目标，当实现了每个小目标之后，大目标也就离你不远了。

在生活中，之所以很多人做事会半途而废，往往不是因为难度较大，而是觉得距成功太遥远。他们不是因失败而放弃，而是因心中无明确而具体的目标乃至倦怠而失败。如果你懂得分解自己的目标，一步一个脚印地向前走，也许成功就在眼前。

把大的目标分解，经常检查自己实现目标的状况，经常体验实现目标的快乐。用这样的方法，即使是遥远的马拉松，也可以跑得很轻松。

火箭是笨重而庞大的一个物体，它飞向月球需要一定的速度和质量。科学家们经过精密的计算得出结论："火箭的自重至少要达到100万吨。"而如此笨重的庞然大物怎么才能让它飞上天空呢？所以，在很长一段时间里，科学界都一致认为，火箭根本不可能被送上月球。难道真的就没有让火箭飞向月球吗？就在这时，有人提出"分级火箭"的思想，问题才豁然开朗起来。将火箭分成若干级，当第一级将其他级送出大气层时便自行脱落以减轻重量。这样，火箭的其他部分就能轻松地飞入月球了。

如同分级火箭一样，学会把目标分解开来，化整为零，变成一个容易实现的小目标，然后将其各个击破，不失为一个实现终极目标的有效方法。不能一飞冲天就循序渐进。很多时候，之所以感到困难不可逾越、成功无法企及，正是因为觉得目标离自己太过遥远而产生畏惧感。

清楚表述未来之梦及人生目标之后，你就可以着手制定长期和短期的目标了。目标不仅可以用业绩表示，也可以用时间表示。积土成山、积沙成塔、积水成渊、积小胜为大胜、积小目标为大目标。这样一点一滴地去积累成功，就能赢得更大的成功。

清理掉那些无谓的人生目标

现代人之所以活得很累，心里很易产生挫折感、焦虑甚至不快，这是迷失在各种目标中的结果。

——哈佛箴言

有一个很上进的年轻人，总对自己的生活感到不满，时常觉得很烦躁、很困惑。朋友问他为什么，他说：

"我是个很有理想并且愿意为此努力的人，从小就有很多人生目标。自从大学毕业以后，我就开始经营理想和事业。可到现在，我付出了许多，学到了很多，本领却一事无成。比如，我一毕业马上去学会计，觉得那更实用。后来，我发现心理学在今后一定有很大的发展空间，马上又去学心理学。在这同时，我想踏实干好现在的工作以证明自己，但因压力觉得不安稳便又去进修与我工作相关的计算机编程，我想自己很快就会成为一名高手。诸多的课程让我很疲惫，但是想到未来一定会有用，又不忍心放弃。可事实上到现在为止，我所学的课程进度都很慢，所以我很烦恼，为什么我这么努力却看不到成就呢？"

目标太多，却没有分身之术；举棋不定，不知应该放弃还是坚持。你是否有过诸如此类的困惑？

哈佛大学给这些困惑的人作过这样的比喻："这种选择就像在过人生的一个十字路口，只要选准一条路径直往前走，每一条路都可以通往目的地。可如果总是怀疑自己的方向不对，一次又一次地退回来选其他的路。那么，不管以什么样的速度走，都总在原点附近徘徊，永远走不到你的目的地。你付出得越多，就会越觉得疲劳和辛苦。"

刚到公司上班时，约翰很勤奋，很快就掌握了工作的窍门，做起事来得心应手，每天大约只用一半的时间就能完成老板交代的工作。空闲的时间一多起来，他便想起自己学生时代曾写了一半的长篇小说。一直以来，当个小说家也是他的梦想之一，于是在空闲的时间里继续他的文学创作。

直到有一天，老板发现了他的秘密。约翰很不安，但老板并没有因此批评他，而是与他进行了一次开诚布公的交谈。

老板很温和地问他："我看过你的小说，写得还不错呀。但是，我希望你能和我说说，对人生，你有什么样的规划？"

这个问题早在5年前约翰就想得很明白。所以他信手拈来，告诉了老板他的很多梦想，比如当一名作家，一名设计师，一个企业的高级管理者，一名出色的服装设计师……

老板很认真地听他说完，并没有对此有任何评价。只是问约翰是否听到过这样的故事：

"在森林里，三条猎狗追赶一只土拨鼠。情急之下，土拨鼠钻进了一个树洞里。这个树洞只有一个出口，三只猎狗就死守在树下。过了一会儿，一只兔子钻出树洞，飞快地跑，跑着跑着就爬到一棵大树上。兔子很得意，在树上嘲笑下面的三只猎狗。结果它得意忘形，一不小心从树上掉了下来，砸晕了正仰头看它的三条猎狗。兔子趁机逃掉了。嗯，想一想，这个故事有什么问题吗？"

约翰觉得很有趣，认真地想过后："第一，兔子不会爬树；第二，一只兔子不可能同时砸晕三条猎狗。"

老板笑着说："分析得不错。可是，最重要的问题是：土拨鼠哪儿去了？"

约翰恍然大悟："是呀，怎么把它给忘记了？"

老板笑着说："这只土拨鼠就好像是你最初为自己设定的人生目标。显然，这个目标被你忽视了，想必你已经忘记了。当初刚进公司的时候，你曾信心百倍地说过一句话：'我要做一个出色的广告人。'正是这句话打动了我，才让你到我的公司里来的，你不会不记得了吧？"

约翰这才明白老板的用意。这时，老板又补充说："我相信你是广告策划方面难得的人才。我只是想提醒你，人的精力有限，要想做到面面俱到是不太现实的。好好做你的广告策划，你会前途无量的。至于写小说、搞设计，最好只当成业余爱好。要记住，人生的目标不能太多，人这一辈子若能把一件事做得出色，就已经是很大的成功了。"

此后，约翰便时常用这话来警告自己。几年后，他被升为广告策划总监。

一般情况下，人们对生活的迷失都是想得太多又一时达不到目标而造成的。这种想法使很多人不能将精力专注于一项事业，他们总是目标太多，精力分散，做着这件事又想着那件事，最后什么也做不好，还错过了许多近在咫尺的成功机会。所以，他们永远也快乐不起来，因为永远都不能达成自己的理想。

但凡成功人士，都能专注于一个目标。伊斯曼致力于生产柯达相机，这为他带来了巨大的财富，也为全球数百万人带来了不可言喻的乐趣；比尔·盖茨一心做软件开发，终成为世界首富。

每天都花一点点时间问一下自己的内心真正想要的是什么，什么才是你最快乐最满足的理想。慢慢地，你会发现，那些遥远的不切实际的梦想和杂念都是你追逐美好生活的累赘，而那些离你最贴近的事物才是你的快乐所在。把精力集中在这些最让你快乐的事情上，别再胡思乱想偏离正确的人生轨道。只要你一次只专心地做一件事，全身心地投入，就一定会收获更多的成果和快乐。

一位名叫多梅尔的警官，为了缉捕一名罪犯，查阅了十几米高的文件档案，打了30多万次电话，足迹踏遍四大洲，行程达到80多万千米。

经过52年的漫长追捕，多梅尔终于将罪犯捉拿归案。此时，多梅尔已经是73岁高龄。有记者问他这样做值得吗，他回答："一个人一生只要干好一件事，这辈子就没白过。"

当初，多梅尔接手这个案子时，并没有想到这会成为自己矢志不渝、奋斗终生的目标。他只是把它当作一个普通案件，履行一个警官应该履行的职责。然而随着案情的一步步深入，作为一名执法者的高度责任感和使命感，他再也不能淡然处之了。因为一个小姑娘无辜惨死的眼睛还没有合上，他时时刻刻都在被那双眼睛注视着。

也就是从这时候起，多梅尔把缉捕罪犯立为了自己的终生之志。

一任风霜雨雪，途程万里，一任寒暑过往，四时变易。18000多个日夜从身边流去了，意气风发的昂扬少年变成了垂垂老矣的衰年暮翁，但他仍然在执着地做着一件事。跬步之积而至千里，滴水之聚终成江河。经过52年的漫长耕耘，多梅尔终于有了收获。

当他把手铐铐在那名同样年老的罪犯手上时，竟然兴奋得像个孩子："受害者可以瞑目了，我也可以退休了。"

的确，人的一生真的很短暂。若能将一件事做好，便能受益终身。有的人，好高骛远，心性浮躁，频繁跳槽，这山望着那山高。到头来，虽说做过不少事，可连一件事也没有做好。有的人，不务正业，无所事事，一生的全部意义就是证实了碌碌无为是多么可怕的事情。

第六课

从来没有一种坚持会被辜负

事在人为，哈佛人瞧不起不思进取、对前途失去信心或被挫折打垮的人。他们认为自己才是命运的主人，对过去的事都很健忘，也不沉湎于当前。他们总是用更多的精力关注未来，相信明天更美好。

没有战胜不了的困难，只有不愿坚持的你

困难是每个人都会遇到的，但不是每个人都能如愿地冲破困难。原因不在于困难的大小，而在于自身冲破苦难的决心有多大。你的决心越大，困难就会显得越小；你的决心变小了，那么困难就会随之变大。

——哈佛箴言

哈佛人认为，一个勇于选择自己人生走向的人，往往具有顽强的意志力，能在一连串的挫折中经受考验，从而锤炼自己的意志力，使自己成为一个勤奋、勇敢和富有创新精神的人。因此，记住这一句话："其实，成功距离你并不遥远。只要你确定了自己的方向，一直走下去，就会到达成功的彼岸。"

很多人都知道："困难像弹簧，你弱它就强。"但往往在碰到困难的时候便会忘记了一切。攻克难关的道路并不平坦，如果你动摇了、退缩了，那将一事无成，机会将永远也不会到来。如果你不屈不挠、勇往直前，想方设法去战胜困难，就可能成为强者。认定目标，坚持到底，成功就在眼前。因为困难的程度来源于你的内心，而并非困难本身。

只要没有到世界末日，何必要让自己坠入痛苦的深渊？不必惊慌，不必痛苦，也不要烦恼，学会乐观地吞咽悲伤，坦然面对一切。打击也许是件幸运事，它可以激发你更大的潜能，促使你取得人生更辉煌的成就。

世界电影巨星史泰龙出生在一所慈善医院。由于难产，医生误用助产

钳助产，造成他左脸颊部分肌肉瘫痪，左眼睑与左边嘴唇下垂，并口齿不清。他的父亲是一个赌徒，母亲是一个酒鬼。父亲赌输了，又打母亲又打他，母亲喝醉了也拿他出气。他在拳脚交加的家庭暴力中长大，常常是鼻青脸肿。

辍学后，史泰龙便进入专为情绪困扰的青年人开办的高中。在高中时期，史泰龙开始踢球、掷铁饼，并开始举重。一次偶然，他主演了阿瑟·米勒的名剧《推销员之死》，这件事激励了他，使他立志要成为一名演员。

他下定决心，要走一条与父母迥然不同的路，活出自己的人生。他想当一名演员——当演员不需要文凭，更不需要本钱，一旦成功就可以名利双收。但是他显然不具备当演员的条件：长相天生就有缺陷，又没接受过任何专业训练。23岁那年，史泰龙进入了大学学习戏剧，但随后因差三分而被退学。他认为当演员是自己今生今世唯一出头的机会，绝不放弃，一定要成功。

于是，他来到好莱坞，找明星、找导演、找制片……找一切可能使他成为演员的人。面对一次又一次地被拒绝，他并不气馁。他知道，失败定有原因。每被拒绝一次，他就认真反省、检讨、学习一次。

他想，既然不能直接成功，能否换一个方法？他想出了一个迂回前进的思路："先写剧本，待剧本被导演看中后，再要求当演员。"两年多的耳濡目染，每一次拒绝都是一次口传心授、一次学习、一次进步。因此，他已经具备了写电影剧本的基础知识。

在他拿到第一笔酬劳之前，史泰龙的生活都是靠打零工维持生计的。

剧本写出后，普遍的反应都是剧本还可以。他开始尝试从小角色入手，不断地出现在银幕上。30岁时，史泰龙主演了自己编剧的电影《洛奇》，获得了奥斯卡最佳男主角和最佳编剧提名。

在这之前，史泰龙一共遭到1300多次的拒绝。某一天，一个曾拒绝过他20多次的导演对他说：

"我不知道你能否演好,但我被你的精神所感动。我可以给你一次机会,但采用你的剧本,让你当男主角,看看效果再说。如果效果不好,你便从此断绝这个念头吧。"

为了这一刻,他已经作了很久的准备,终于可以一试身手了。机会来之不易,他不敢有丝毫懈怠,全身心地投入。《洛奇》创下了当时全美最高票房纪录,他成功了。

在前进的途中,不可能什么事情都是一帆风顺的,总会遇到各种各样的困难、挫折,有来自自身的,也有来自外界的。只要拥有积极的心态,即使遇到困难,也可以获得帮助,事事顺心。所以,爱默生说过:"伟大高贵人物最明显的标志,就是他有坚定的意志。不管环境变化到何种地步,他的初衷与希望仍然不会有丝毫的改变,而终至克服障碍,以达到所企望的目的。"

哈佛大学认为,成功是由那些抱有积极心态的人所取得的,并由那些以积极的心态努力不懈的人所保持。

1933年1月,希特勒上台。不久,哥廷根大学接到命令,要学校辞退所有从事教育工作的纯犹太血统的人。在被驱赶的学者中有一位名叫爱米·诺德的女士,她是这所大学的教授,时年51岁。她主持的讲座被迫停止,就连微薄的薪金也被取消。这位学术上很有造诣的女性,面对困境却心地坦然,因为她一生都是在逆境中度过的。

诺德生长在犹太籍数学教授的家庭里,从小就喜欢数学。1903年,21岁的诺德考进哥廷根大学,在那里,她听了克莱因、希尔伯特、闽可夫斯基等人的课,与数学结下了不解之缘。她在学生时代就发表了几篇高质量的论文,25岁便成了世界上屈指可数的女数学博士。

诺德在微分不等式、环和理想子群等研究方面作出了杰出的贡献。但由于当时妇女地位低下，她连讲师都评不上，在大数学家希尔伯特的强烈支持下，诺德才由希尔伯特的"私人讲师"成为哥廷根大学第一名女讲师。接下来，由于她科研成果显著，又是在希尔伯特的推荐下，取得了"编外副教授"的资格，虽然她比很多教授更有实力。

诺德热爱数学教育事业，善于启发学生思考。她终生未婚，却有许许多多"孩子"。她与学生交往密切，和蔼可亲，人们亲切地把她周围的学生称为"诺德的孩子们"，中国数学家曾炯之就是诺德的"孩子"之一。

在希特勒的命令下，诺德被迫离开哥廷根大学，去了美国工作。在美国，她同样受到学生们的尊敬和爱戴，这里同样有她的"孩子们"。1934年9月，美国设立了以诺德名字命名的博士后奖学金。不幸的是，诺德在美国工作不到两年，便死于外科手术，终年53岁。她的逝世令很多数学同僚无限悲痛。爱因斯坦在《纽约时报》发表悼文说："根据现在的权威数学家们的判断，诺德女士是自妇女受高等教育以来最重要的富于创造性的数学天才。"

诺德的成功告诉人们这样一个道理：要成功就要不懈地努力，直到困难被你打垮为止。如果没有很好地坚持，那么你就会被困难打倒。因为困难会随着你的变弱而变得强大。

世界上就是有这么一种力量在推动着人类的进步，那就是坚强。坚强会把困难变得弱小，只要你持之以恒、不怕艰苦，在艰苦面前表现得很积极，那么，困难就会在你的坚强之下慢慢降服，你就可以达到成功的目的了。

把绊脚石踩在脚下，登上世界之巅

没有一条通向成功的道路是平坦的，它必然是迂回曲折的，而在这道路上的失败不是拦路虎，而是磨炼意志的磨刀石。

——哈佛箴言

对于每一个人来说，已经取得的所有成就都是历史，所有的失败也已经属于过去。此刻的你可以说是轻装上阵，没有任何理由退缩，没有任何理由放弃，只有选择勇敢地继续向前。哪怕是跌进失败之谷，也不要希求他人的同情、怜惜与帮助。让失败成为过去，把成功留给自己。

在哈佛的课堂上经常引用这样一个故事。

一天，一头驴不小心掉进了一个废弃的陷阱里。这个陷阱很深，它根本爬不上来。驴的主人看它是一头老驴，也不想再去救它了，心想就让它在那里自生自灭吧。

这样，一天的时间已经过去了，那头驴自己慢慢放弃了求生的希望。但是，人们每天不断地往陷阱里倒垃圾。开始的时候，老驴很生气，天天抱怨，自己掉到陷阱里，主人不要自己了，就算死也不让自己死得舒服点，每天还有那么多垃圾扔在它旁边。可是有一天，它突然有了新的想法，决定改变它的生存态度。它每天都把垃圾踩在脚底下，从垃圾中找到残羹来维持自己的生命，而不是被垃圾所埋没。慢慢地，垃圾把那个陷阱垫高了。终于有一天，它回到了地面上。

因此，人的心态要积极，不要老是想着抱怨。比如，不要抱怨你的专业不好，不要抱怨你的学校不好，不要抱怨你住在宿舍里，不要抱怨你没有一个好家境，不要抱怨你的工作差、工资少，不要抱怨你空怀一身绝技没有人赏识你。现实有太多的不如意，就算生活给你的是垃圾，你同样能把垃圾当作垫脚石，踩在脚下，登上世界之巅。

在美国，"钻石大王"彼得森和他的"特色戒指公司"家喻户晓。彼得森从16岁给珠宝商当学徒开始，白手起家，经历了令人难以想象的艰辛，最后一跃成为享誉世界的"钻石大王"。

1908年，亨利·彼得森生于伦敦一个犹太人家庭。幼年时，父亲便离世了，家庭生活的重担落在了母亲柔弱的肩上。迫于生计的压力，母亲携彼得森移居纽约谋生。在他14岁时，母亲因劳累过度一病不起，他不得不结束半工半读的学习生涯，到社会上打工赚钱，肩负起家庭生活的沉重负担。

当彼得森16岁的时候，他来到纽约一家小有名气的珠宝店当学徒。这家珠宝店的老板卡辛是一位犹太人，也是纽约优秀的珠宝匠之一。作为一个珠宝商，他在纽约上层社会的达官贵人中颇有声誉，他们对卡辛的名字就像对好莱坞电影明星一样熟悉。卡辛手艺超群，凡经过他亲手镶嵌的首饰都能赢得人们的赞誉并卖到很高的价钱。

但是，卡辛是一个目中无人、言语刻薄的老板，他对学徒严厉至极。珠宝店的学徒在他面前蹑手蹑脚、谨慎从事，唯恐自己的疏忽和过错惹怒了老板。

彼得森上班第一天，卡辛给他安排的任务是练习凿石头。对于珠宝尤其是钻石的生产而言，最艰苦、最难以掌握的基本功莫过于凿石头。根据卡辛的教诲，一块拳头大小的石头，要用手锤和斧子打成10块尺寸相同的小石块，并规定不干完不许吃饭。彼得森从没有做过这种活，看着这一块石头发呆良久，不知如何下手，唯恐一不小心招来老板的训斥和挖苦。但是他别无选择，只得硬着头皮干。他先把大石头劈成10小块，然后以10块中最小的那块为标准，慢慢凿其他9块。虽说石头质地不是特别坚硬，但是层次非常分明，稍不小心就会把石头凿下一大块而前功尽弃，并招来老板的呵斥。

第一天下来，彼得森腰酸背痛、四肢发软、眼睛发胀，但依然没能完成老板的任务。以后的数天里，他简直变成了一台机器，在那里机械地运转，整日挥汗如雨地在那里凿。

彼得森在心里燃烧起强烈的成功欲望，他相信自己经受一些苦难与委屈，最终能够学到这门手艺。

一段时间以后，彼得森离开卡辛的珠宝店，准备自己创业。万事开头难，自己创业也不是件容易的事。虽然要求不高，只要有一张工作台就可以了，但是在房租昂贵的纽约找一块地方又谈何容易？功夫不负有心人，彼得森在珠宝店里当学徒时认识的犹太技工詹姆帮了他的忙。

詹姆与他人合资在纽约附近开了一个小珠宝店。彼得森去找他想办法，詹姆他们的小珠宝店很小，约有12平方米，已经摆放了两张工作台。詹姆很热心，看他处境艰难，允许他在这个小房间里再摆一张工作台，每月只收10美元租金。

工作台问题得到了解决，但是身无分文的彼得森无力预付房租，必须找到活儿干，否则仍然无法生存。

到了第23天，他终于揽到了一笔生意，一个贵妇人有一只2克拉的钻石戒指松动了，需要加固一下。她在拿出戒指前郑重地问彼得森跟谁学的手艺，当得知面前这个首饰匠是卡辛的徒弟时，她就放心地把戒指交给了他。这对彼得森来说是一个重大发现，想不到卡辛的名字在这些有钱人中有如此分量，他马上想到借助卡辛的名气揽生意。也正是从此开始，他深刻地意识到了声誉的重要性。

尽管自己和师傅之间有一段无法说清的恩怨，但是他在心里还是对老师心存感激。彼得森靠着"卡辛的徒弟"这块招牌干了两三个月，生意不错。这时，一家戒指厂的生产线出了问题，急需一个有经验的工匠做装配。

在听说彼得森的名气后，这家戒指厂商慕名请他去负责，他愉快地接受了这一工作。有很多人慕名来找他加工首饰，他都一一热情接待，把业余时间都用在加工首饰上。当然，他每星期的收入开始明显增多，有时可赚到170多美元。这样，他一边在工厂工作，一边加工首饰，终于在经济大萧条的年代里渡过了失业难关，生活也得到了极大的改善。

多年以后，彼得森回忆："尽管老板非常苛刻，但也是为了让我们早日掌握打造石头的要领。因为对于钻石生产而言，凿石头是来不得半点含糊的基本功。老板也是借此来考验学徒们的意志，因为如果过不了这一关，是永远也不能成为成功的珠宝匠的。"

很多事情并不是你想的那么可怕，这个世界只关注你是否到达了一定的高度，而不会去想你是踩在巨人的肩膀上还是踩在垃圾上。因此，人生永远没有失败，也永远不要说失败。只要能超越暂时的挫折和失败，成功就在面前等着你。

莎士比亚曾经在一部戏剧中写道："希望往往会破灭，并且总是会在最有希望之时。"

哈佛大学认为，当命运将你丢进失败的低谷时，它也会给你一根向上攀登的藤条，而问题的关键在于你能不能将它抓在手中。

每个人的性格不同，对同一事物的感觉和态度也各不相同。身处在同一环境中，有的人全身不自在，有人却如鱼得水。那么，当你面对困境的时候，是抱怨叹息还是慢慢使自己适应环境呢？当然应该选择后者。真正懂得适应环境的意义，就能改变你的人生，使自己活得更出色。

不必惧怕失败,相反请你感谢它

从每一次失败中,你都可以了解自身存在的不足之处。如果换一个角度来看待失败,那么你会发现每一次的失败都是一个超越自我的契机。

——哈佛箴言

日本企业家本田先生说:"很多人都梦想成功。但实际上,为了实现成功的梦想,是需要付出失败的代价的。只有经过多次的失败和反思,才能获得成功。"

某一天,狮子来到了天神面前说:"我很感谢您赐给我如此强健的体格、强大的力气,让我有能力统治整个森林。"天神听了,微笑地问:"这不是你今天来找我的目的吧?看起来你似乎为了某种事而困扰呢。"狮子轻轻吼了一声,说:"天神真是了解我啊,我今天来的确是有事相求。尽管我的能力强,但每天清晨,我总是会被鸡鸣声给叫醒。神啊,祈求您再赐给我一种力量,让我不再被鸡鸣给吵醒吧。"

天神笑道:"你去找大象吧,它会给你一个满意的答复。"狮子兴冲冲地跑到湖边找大象。还没见到大象,就听到大象发出"咚咚"的跺脚响声。狮子跑上去问大象:"你为什么发这么大的脾气?"大象拼命摇晃着大耳朵,吼着:"有只讨厌的小蚊子,总想钻进我的耳朵里,害我都快痒死了。"

狮子若有所思地离开了大象,暗自想着:"原来体形这么大的大象,还会怕那么弱小的蚊子，那我有什么好抱怨的呢？毕竟鸡鸣也不过一天一次，蚊子却是无时无刻不骚扰着大象。这样想来，我可比它幸运多了。"狮子回头看了一眼仍在摇晃耳朵的大象，心想："天神要我来找大象，应该就是想要告诉我，谁都会遇上麻烦事，而他无法帮助所有人。既然如此，那我只有靠自己了。反正以后只要鸡鸣时，我就当作是鸡在提醒我该起床了。如此一来，鸡鸣声对我来说是有益的啊。"

从上述故事中可以看出，每个人都有自己的困境，而每个困境都有其存在的正面价值。在做事的过程中，你应该借鉴一下狮子的思维。鸡鸣声虽然令狮子感到十分困扰，但换个角度看，鸡鸣声也是一种鞭策它的力量，可以提醒狮子每天勤奋早起。失败会让人尝尽苦头、遭受打击，但也可以使人成长。因此，你要让失败变成一种对自己的考验，学会在失败中抓住机会。在失败之后，会失去一些东西，但同时，我们眼前也可能出现一片更广阔的天地，得到的也许会比失去的还多。

无论是谁，做着什么样的工作，都是在失败中成长起来的。一个人经历的失败越多，进步就越大，这是因为他能从中学到许多经验。美国考皮尔公司的总裁比伦曾说："若在一年不曾失败过，那说明你就未勇于尝试抓住各种应该把握的机会。"

小泽征尔先生是全日本足以向世界夸耀的国际大音乐家、名指挥家。

然而，他之所以能够建立知名指挥家的地位，是与参加贝桑松音乐节的国际指挥比赛分不开的。在这之前，他不仅与世界无关，即使在日本也是名不见经传。因为他的才华没有表现出来，不为人所知。

他决定参加贝桑松的音乐比赛，来个一鸣惊人。克服了重重困难，他终于充满信心地来到欧洲。但一到当地，就有莫大的难关在等待他。首先要办的是参加音乐比赛的手续，但不知为什么，证件竟然不够齐全，不为音乐节执行委员会正式受理。这么一来，他就无法参加期待已久的音乐节了。音乐家多半性格是内向而不爱出风头的，在遇到这种状况时，多是就此放弃。但他不同，不但不打算放弃，还尽全力积极争取。

首先，他来到日本大使馆，说明事情的原委，然后请求帮助。可是，日本大使馆无法解决这个问题。正在束手无策时，他突然想起朋友过去告诉他的事："美国大使馆有音乐部，凡是喜欢音乐的人，都可以参加。"他立刻赶到美国大使馆。这里的负责人是位女性，名为卡莎夫人，过去曾在纽约的某乐团担任小提琴手。他详细地向她说明事情的经过，拼命拜托对方，想办法让他参加音乐比赛。但她面有难色地表示："虽然我也是音乐家出身，但美国大使馆不得越权干预音乐节的问题。"

卡莎夫人的理由很明白，但他仍执拗地恳求她。表情原本僵硬的她逐渐浮现笑容。思考了一会儿，卡莎夫人问了他一个问题："你是个优秀的音乐家吗？或者是个不怎么优秀的音乐家？"他坚定地回答："当然，我自认是个优秀的音乐家，我是说将来可能……"听着他自信满满地说着，卡莎夫人决定帮助眼前这个为音乐而坚定的人。卡莎夫人联络贝桑松国际音乐节的执行委员会，拜托他们准许他参加音乐比赛。结果，执行委员会回答，两周后作最后决定，请他们等待答复。此时，小泽征尔心中有一丝希望，心想：若是还不行，就只好放弃了。

两星期后，小泽征尔收到美国大使馆的答复，告知他已获准参加音乐比赛，这表示他可以正式地参加贝桑松国际音乐指挥比赛了。参加比赛的人总共60位，他很顺利地通过了预选，终于进入正式决赛。此时，他严肃地想："好吧，既然我差一点就被逐出比赛，现在就算不入选也无所谓了。不过，为了不让自己后悔，我一定要努力。"

后来，他终于获得了冠军。

小泽征尔在成名前遇到了一些困难，如果他退缩、害怕失败，那么就不会获得后来的成就。只有努力把握机会，你才有可能拥有一个成功而没有遗憾的人生。

哈佛大学认为，失败可以磨炼人的意志，增强一个人的毅力。如果把挫折仅仅看成一种失败、一种灾难，那么你一遇到挫折就会陷入焦虑、忧愁、痛苦中而无法自拔。害怕失败、在困难面前退缩的人会失去磨炼意志的契机，进而失去成功的机会。

哈佛人认为，生活中，强者总是能坦然地面对失败，冷静地分析原因，以乐观向上的态度、坚定不移的信心及百折不挠的精神去努力、去奋进，进而让自己迈向更高的台阶。

你的成熟来自岁月的磨砺

苦难来临时，人们无处躲藏。既然如此，索性让它留下的创伤永远提醒自己，让自己变得更加成熟与坚强。

——哈佛箴言

成功不是唾手可得的。想要成功，就应该具有迎接失败的心理准备，坚定打垮失败的信念，总结每一次失败的教训。把每一次失败都当作成功的前奏，从头再来，那么就能化消极为积极，变失败为成功。

每一个人都应该有从头再来的勇气。因为从头再来不等于放弃过去，而是让自己在遭受创伤的过程中变得成熟。一遍遍地尝试，会让你获得更多的经验，这些才是你最大的财富。

做事无非是两种结果,一种是成功,另一种是失败。而那些善于把握时机办事的人,在对待困境的时候,有着一种不屈不挠的精神,正是这种精神激励着他们努力地做好每一件事情。

1791年,法拉第出生在伦敦市郊一个贫困的铁匠家里。他父亲收入菲薄,常生病,子女又多。所以,法拉第小时候连饭都吃不饱,有时一个星期只能吃到一个面包,当然谈不上去上学了。

法拉第12岁的时候,就上街去卖报。一边卖报,一边从报上识字。到13岁的时候,法拉第进了一家印刷厂当图书装订学徒工,他一边装订书,一边学习。每当工余时间,他就翻阅装订的书籍,甚至在送货的路上也边走边看。经过几年的努力,法拉第终于摘掉了文盲的帽子。

渐渐地,法拉第能看懂的书越来越多,常常阅读《大英百科全书》到深夜,特别喜欢电学和力学方面的书。法拉第没钱买书,就利用印刷厂的废纸订成笔记本,摘录各种资料,有时还自己配上插图。

一个偶然的机会,英国皇家学会会员丹斯来到印刷厂校对他的著作,无意中发现法拉第的"手抄本"。当他知道这是一位装订学徒工记的笔记时,大吃一惊。于是,丹斯送给法拉第皇家学院的听讲券。

法拉第以极为兴奋的心情来到皇家学院旁听。作报告的正是当时赫赫有名的英国著名化学家戴维。法拉第非常用心地听戴维讲课。回家后,他把听讲笔记整理成册,作为自学用的《化学课本》。

后来,法拉第把自己精心装订的《化学课本》寄给戴维教授,并附了一封信,表示:"极愿逃出商界而入于科学界,因为据我的想象,科学能使人高尚而可亲。"收到信后,戴维深为感动。他非常欣赏法拉第的才干,决定把他招为助手。法拉第非常勤奋,很快掌握了实验技术,成为戴维的得力助手。

半年以后,戴维要到欧洲大陆作一次科学研究旅行,访问欧洲各国的著名科学家，参观各国的化学实验室。戴维决定带法拉第出国。就这样，法拉第跟着戴维在欧洲旅行了一年半，会见了安培等著名科学家，长了不少见识，还学会了法语。

回国以后，法拉第开始独立进行科学研究。不久，他发现了电磁感应现象。1834年，他发现了电解定律，震动了科学界。这一定律被命名为"法拉第电解定律"。

法拉第依靠刻苦自学，从一个连小学都没念过的图书装订学徒工，跨入了世界第一流科学家的行列。

1867年8月25日，法拉第坐在他的书房里看书时离世，享年76岁。由于他对电化学的巨大贡献，人们用他的姓"法拉第"作为电量的单位；用他的姓的缩写"法"作为电容的单位。

为了追求自己的梦想，很多人同法拉第一样，忍受了常人难以想象的痛苦。这样的生活也许会让浮躁和势利的凡人崩溃，但对于从事崇高追求的人而言，非但不把它们视为苦难，反而会认为这是莫大的快乐。正是在这种过程中，他们创造了自己的人生，获得了成功。

人们通常会把不幸视为人生的逆境，抱怨命运对自己不公平，可是抱怨丝毫不能解决问题。那些在人类历史上留下了杰出贡献的人大多遭遇过不幸，经历过刻骨铭心的痛。可是经历过风雨的历练后，他们对人生有了更加透彻的认识，变得更加成熟。没有不曾失败过的人，只有不够成熟的失败者。

日本"经营之神"松下幸之助，小时候在乡下看见农民洗甘薯，不仅觉得很好玩，而且还悟出了做人的道理。在乡下，农民用木制的特大号水桶装满了要洗的甘薯，然后用一根扁平的大木棍不停地搅拌。在木桶里，大小不一的甘薯随着木棍的搅动而忽沉忽现。有趣的是，浮在上面的甘薯不会永远在上面，沉在下面的甘薯也不会永远在下面。甘薯总是浮浮沉沉，互有轮替。

"洗甘薯是这样，生活何尝不是这样。"松下深有体会地说，"这种沉沉浮浮、互有轮替的景象，正是人生的写照。每一个人的一生，就像那些甘薯一样，总是浮浮沉沉，不会永远春风得意，也不会永远穷困潦倒。这样持续不停地一浮一沉，就是对每个人最好的磨炼。"

"松下"品牌在商界声名显赫，业绩辉煌，可是松下幸之助的一生并不幸福。11岁辍学；13岁丧父；17岁差一点淹死；20岁不但丧母，而且得肺病几乎亡故；34岁时，唯一的儿子出生仅6个月就病故。他一生受病魔纠缠，经常因病而卧床。然而，每当他遭受打击与挫折时，就会想起乡下人洗甘薯的那一幕。于是，他百折不挠、愈挫愈勇，最终转败为胜、化危为安。

人的一生不可能永远一帆风顺，生命中的那些沟沟坎坎更能折射出生命的精彩。没有经历过创伤，就不会领略成熟的人生。在通向成功的道路上，失败是不可避免的。跌倒了，受伤了，微笑着对自己说："没有什么大不了的，前面的风景更美丽。"

每一次的创伤带给你的不仅是痛苦，更重要的是教会你不断地成熟。挫折、困苦与失败都不可能击倒意志坚强的人，只会引领他们走向成熟，走向成功。跨过创伤，失败的经历就能够带领你走向一个更加明朗的世界；跨过创伤，你会更加懂得人生；跨过创伤，你会发现自己的意志如同钢铁般坚韧无比。在收获成功的时候，更应该怀着一颗感恩的心来感谢生活给你的磨难，是它们让你变得更加自信与执着。

如果痛苦，就不必反复品尝

昨天已经过去，人生最重要的是把握现在。如果仍旧把昨天的负担堆在心头，必将成为今天的障碍。

——哈佛箴言

每个人都希望自己所做的每一件事都是正确的，从而达到自己预期的目的。可是，人非圣贤，孰能无过，不可能做每一件事都是万无一失。做了错事难免会自责，但如果总是让自己陷入惭愧和自责里，那你的生活便会停滞不前。一味地悔恨带给你的只能是消极的心态，生活也会因此而变得索然无味。

人们并不能预知失败的到来，也不能在它来临时坐以待毙。要想重新站起来，只能选择坚强。有句话说得好："我不能左右天气，但我可以改变心情；我不能决定生命的长度，但是我可以控制生命的宽度；我不能改变过去，但我可以利用今天。"这句话所展现的就是一种积极乐观的心态。确实如此，外界的事情左右不了你什么，重要的是当下的心态。面对那些不堪的过往，一个聪明人不会徘徊在过去的错误里，而会珍惜眼前，展望未来，重新获得那失去的快乐与成功。

1937年，杰尔德太太的丈夫不幸去世。那个时候，杰尔德太太过得非常痛苦，甚至有了自杀的念头。安葬完丈夫后，她写信给过去的老板里奥罗西先生，请求他让自己回去做过去的工作。

　　杰尔德太太的请求得到了老板的同意。于是，杰尔德太太重新做起了卖书的工作。她以为，重新工作可以帮助自己从颓丧中解脱出来。可是，总是一个人驾车、一个人吃饭的生活几乎使她无法忍受。每天，她都会想起自己的丈夫，不由泪流满面。加上有些地方根本就推销不出去书，她的工作也很不顺心，这让她更加怀念丈夫。

　　1938年春，她来到密苏里州推销书。那里的学校很穷，路又很不好走。她一个人又孤独又沮丧，以至于又一次想自杀。这一切都让杰尔德太太感到未来已经没什么希望，生活也毫无乐趣。

　　天突然下起雨，汽车只好停了下来，杰尔德太太看了看身边的书本，心想着："也许是最后一次照看你们了。"她沮丧地翻开一本书来打发时间，无意中看到一篇文章，其中的一句话让她震动颇大："对于一个聪明人来说，每一天都是新的一天。"杰尔德太太用打字机把这句话打下来，贴在汽车的挡风玻璃上。

　　杰尔德太太回忆起自己，自从丈夫去世后，生活是如此无聊，每天都在虚度年华。渐渐地，杰尔德太太感到，其实每一天的生活并非那么艰难，只要学会忘记过去，那么自己就会轻松得多。于是每天清晨她都对自己说："今天又是新的一天。"

　　一年后，杰尔德太太已经彻底恢复健康，她说："我现在知道，不论在生活中会遇上什么问题，我都不会再害怕了。我现在知道，每一天都是新的一天！"

　　昨天的负担永远堆在心头，它必将成为今天的障碍、明天的毒瘤。总盯着昨天，也许你会得到一个"不忘本、忠诚"的美名，可是那份痛彻心扉的煎熬，却是只有你一个人去体会的。所以，面对过去的伤痛，你应当做的事情是学会忘记，而不是在嘴里、在心中念念不忘。即使你每天祈祷100遍，你也不可能回到事情发生之前，做出躲避的措施。因此，我们必须养成一个良好的习惯，生活在完全独立的今天。生命正以令人难以置信的速度飞快地溜走，今天才是最值得大家珍视的。过去的阴影，就让它如风一般消散吧！

贝多芬出生于一个贫寒的家庭。父亲是歌剧演员，性格粗鲁，爱酗酒，母亲是个女仆。贝多芬本人相貌丑陋，少年时代生活贫苦，还经常受到父亲的打骂。他11岁就加入戏院乐队，13岁当大风琴手。17岁那年，他的母亲逝世了，他要独自一人承担着两个兄弟教育的责任。

1793年11月，贝多芬离开了故乡波恩，前往音乐之都维也纳。不久，痛苦叩响了他的生命之门。从1796年开始，贝多芬的耳朵日夜作响，听觉越来越衰退。起初，他独自一人守着这个可怕的秘密。1801年，贝多芬爱上了朱列塔，他把《月光奏鸣曲》献给她。但是幼稚、自私而且爱慕虚荣的朱列塔不理解他崇高的灵魂，并于1803年与他人结婚。这是令贝多芬绝望的时刻，他甚至曾写下了遗书，想要结束自己的生命。

在肉体与精神的双重折磨下，他创作了《幻想奏鸣曲》《克勒策奏鸣曲》等作品。当时席卷欧洲的革命波及了维也纳，贝多芬的情绪开始高涨，他于这时又创作了《英雄交响曲》《热情奏鸣曲》等作品。

1806年5月，贝多芬与布伦瑞克小姐订婚，爱情的美好催生了一系列伟大的作品。不幸的是，爱情又一次把他遗弃了，未婚妻和他人结婚了。不过这时，贝多芬正处于创作的极盛时期，对一切都无所顾虑。他受到了世人瞩目，与光荣接踵而来的是最悲惨的时期：经济困窘。亲朋好友一个个死亡离散，耳朵也已全聋，和人们的交流只能在纸上进行。但是，苦难并没有让贝多芬屈服，反而让他变得更加顽强。正是在这种最艰难的处境下，他奏响了命运的最强音，创作了代表了他音乐生涯巅峰的《命运》《合唱》等作品，为当时的世界和后人展现了一个永不向命运屈服的灵魂。

有句话说得很好："无论你多么悲伤，牛奶也不可能再回到瓶子里，所以不要为打翻的牛奶而哭泣。"生活也是如此，过去的岁月不可能重复，过去的事情不可能更改，只有选择好好地活在当下。"

逆境是用来克服而不是臣服的

当身处逆境时，你最应该做的不是捶胸顿足，而是奋发努力，做出点成绩来，让那些讽刺你的人看看。

——哈佛箴言

当你受到他人的无故讥讽甚至侮辱时，要冷静地面对与处理，平和自己的心态。不能为了暂时的挫折而钻牛角尖，要把别人的侮辱当成你奋发图强的动力，激励自己去战胜困难，取得成就。

荣誉可以成为一个人进步的动力。在一定条件下，耻辱也能达到荣誉的这种功效。

阿兰·米穆是法国当代著名长跑运动员、法国万米长跑纪录创造者，曾先后获得第14届伦敦奥运会万米亚军、第15届赫尔辛基奥运会5千米亚军、第16届墨尔本奥运会马拉松赛冠军，后来在法国国家体育学院执教。

米穆出生在一个贫困的家庭。从孩提时起，他就非常喜欢运动。可是，家里很穷，他甚至连饭都吃不饱。米穆喜欢踢足球，因为没有鞋穿，只能光着脚踢。母亲省吃俭用地替他买了双草底帆布鞋，为的是让他穿着去学校念书。如果米穆的父亲看见他穿着这双鞋子踢足球，就会狠狠地揍他一顿，因为父亲不想让他把鞋子穿破。

12岁时，米穆已经有了小学毕业文凭，而且评语很好。母亲对他说："你终于有文凭了，这太好了。"母亲去为他申请助学金却遭受拒绝。没有钱念书，迫于生计，米穆去了咖啡馆里当服务员。他每天都要工作到深夜，但仍然坚持长跑。为了能进行锻炼，他每天早上五点钟就得起来，累得脚跟发炎脓肿。尽管如此，他还是咬紧牙关报名参加了法国田径冠军赛。他先是参加了万米冠军赛，可是只得了第三名。第二天，他决定再参加5千米比赛。幸运的是，他得了第二名。米穆并因此得到了参加伦敦奥运会的机会。

对米穆来说，这简直是不可思议的事情。因为他当时还不知道什么是奥运会，也从来想象不到奥运会场是如此宏伟壮观。

但有些事情让米穆感到不快，他并没有被人认为是一名法国选手，没有一个人看得起他。比赛前几个小时，米穆想请人替自己按摩一下，于是敲开了法国队按摩医生的房门。

按摩医生对他说："有什么事吗，我的小伙计？"

米穆说："先生，我要参加万米长跑，您是否可以助我一臂之力？"

医生一边继续为一个躺在床上的运动员按摩，一边对他说："请原谅，我的小伙计，我是被派来为冠军们服务的。"

米穆知道，医生拒绝替自己按摩，无非因为自己不过是咖啡馆里的一名小跑堂罢了。

那天下午，米穆参加了具有历史意义的万米决赛。他当时仅仅希望能取得一个好名次，因为伦敦当天的天气异常干热，很像暴风雨的前夕。比赛开始了，同伴们一个又一个地落在他的后面。米穆成了第四名，随后是第三名。很快，他发现只有捷克著名的长跑运动员扎托倍克一个人跑在他前面进行冲刺。最后米穆得了第二名，为法国夺得了第一枚世界级万米比赛银牌。

然而,最让米穆感到难受的,还是当时法国的体育报刊和新闻记者。他们在第二天早上边打听边嚷嚷:"那个跑了第二名的家伙是谁呀?啊,准是一个北非人。天气热,他就是因为天热才得到第二名的!"

不过,让米穆感到欣慰的是在伦敦奥运会四年以后,他又被选中代表法国去赫尔辛基参加第15届奥运会。在那里,他打破了万米法国纪录,并在被称之为"20世纪5千米决赛"的比赛中,再一次为法国赢得了一枚银牌。

随后,在墨尔本奥运会上,米穆参加了马拉松比赛。他以1分40秒跑完了最后400米,终于成了奥运会冠军。

他不用再去咖啡馆当跑堂了。米穆却说:"我喜欢咖啡,喜欢那种香醇,也喜欢那种苦涩。"

一个人蒙受耻辱后,往往会有两种态度:一是不以为耻,更不愿意从自己身上去寻找蒙受耻辱的原因,这种人只能是永远蒙受耻辱,永远不会前进;另一种是产生羞愧之心,于是从自己身上去寻找蒙受耻辱的原因,并由羞愧而产生一股巨大的向上的力量,去战胜和洗刷耻辱,从而获得成功。

林卜三司刚开始建立的一个丝毫不引人注目的化学实验室经过多年的发展,成为世界著名的科技研究公司。

1942年的一天,许多企业家在一次集会上谈论科学和生产的关系。一位大亨高谈阔论,藐视科学,认为科学只是骗饭的手段,并且否定科学的作用。

崇拜科学并且稍有作为的林卜三司带着微笑,平静地向这位大亨解释科学对企业生产的重要作用。这位大亨对此不屑一顾,还嘲讽地对林卜三司说："我的钱太多了，现有的钱袋已经放不下，想找猪耳朵做的丝钱袋来装。如果你所说的科学能帮这个忙，做成这样的钱袋，大家都会把你当科学家的，大家也都会相信你所说的科学的。"聪明的林卜三司听出了大亨的弦外之音，表面平静且谦虚地说："谢谢你的指点，我会努力的。"林卜三司回去之后，暗中将市场上的猪耳朵收购一空。购回的猪耳朵被林卜三司公司的化学家分解成胶质和纤维组织，然后把这些物质制成可纺纤维，再纺成丝线，并染上各种不同的美丽颜色，最后编织成五光十色的丝钱袋。这种钱袋投放市场后，被一抢而空。

"用猪耳朵制丝钱袋"，这看似荒诞不经的传说被粉碎了。那些不相信科学是企业的翅膀也看不起林卜三司的人，顿时对林卜三司刮目相看。那位大亨知道这事之后，亲自登门表示歉意，并且希望能与他合作。

林卜三司面对别人的嘲笑，不露声色，暗地里作好准备，有力地回击了大亨的恶毒挑衅，从而一举成名。这说明了，当处在逆境时，受到别人的冷嘲热讽，情绪上的对立、反击甚至报复是无济于事的，你并不会因此得到一点好处、一丝长进，也不会因此就一下子令人折服。最好的方法是，用事业的成功来洗刷侮辱，让人对你刮目相看。

哈佛大学认为，要把别人的蔑视当成一种动力，并要学会感谢这样的人。感谢伤害你的人，因为他磨炼了你的心志；感激羁绊你的人，因为他强化了你的双腿；感激欺骗你的人，因为他增进了你的智慧；感激蔑视你的人，因为他觉醒了你的自尊；感激遗弃你的人，因为他教会了你独立。

第七课

不攀附不将就，努力变得更加优秀

很多时候，当生活、爱情、事业给你设置了一道道障碍时，很多人便溃不成军。哈佛人却说："我们不过是输给了自己，输给了那个内心焦躁、忧虑、畏怯的自己。"

纠正优柔寡断的毛病

世间最可怜的人就是那些举棋不定的人。如果有了事情，他们一定要去和他人商量，不取决于自己而取决于他人。这种意志不坚定的人，既不会相信自己也不为他人所信赖。

——哈佛箴言

果断决策的力量，与一个人的才能有着密切的关系。如果没有决断的能力，那么你的一生就像深海中的一叶孤舟，永远漂流在狂风暴雨的汪洋大海里，永远无法到达成功的目的地。

有一种力量强大的机器，能把一切废铜烂铁毫不费力地压成坚固的钢板。善于做事的人便如同这部机器一般，做事异常敏捷，只要决心去做，任何复杂困难的问题都会迎刃而解。

一个人如果目标明确，就绝不会把自己的计划拿来与人反复商议。在决策之前，他会仔细考察，然后制订计划，采取行动。这就像在前线作战的将军必须首先仔细研究地形、战略，而后才能拟订作战方案，然后再开始进攻。

一个头脑清晰、判断力很强的人，一定会有自己坚定的主张。他们绝不会糊里糊涂，更不会投机取巧。他们不会永远处于徘徊当中，更不会一遇挫折便赌气退回，使自己的事业前功尽弃。只要作出决定，他们一定一往无前地去执行。

英国的基钦纳将军就是一个很好的典型。这位沉默寡言、态度严肃的军人威猛如狮、出师必捷，他一旦制订好计划，确定了作战方案，就绝不会再三心二意地去与人讨论、向人咨询。在著名的南非之战中，基钦纳将军率领他的驻军出发时，除了他和他的参谋长外谁也不知道要开赴哪里。他只下令，要预备一辆火车、一队卫士及一批士兵。此外，基钦纳不动声色，甚至没有电报通知沿线各地。战争开始后，有一天早晨六点钟，他突然出现在卡波城的一家旅馆里。他打开这家旅馆的旅客名单，发现了几个本该在值夜班的军官的名字。他走进那些违反军纪的军官的房间，一言不发地递给他们一张纸条，上面是他的命令："今天上午十点，专车赴前线。下午四点，乘船返回伦敦。"基钦纳不听军官们的解释，更不听他们的求饶，只用这样一张小纸条就给所有的军官下了一个警告，杀一儆百。

基钦纳将军有无比坚定的意志又异常镇静，做任何事胸有成竹，凡事都能冷静而有计划地去做，这样就事事马到成功。

现在，社会上受欢迎的是那些有巨大创造力并有非凡经营能力的人。有些人只知道按部就班地听从别人的吩咐，去做一些已经安排妥当的事情，而且凡事都要有人详细地指示。唯有那些有主张、有独创性、愿意研究问题、善于经营管理的人，充当了人类的开路先锋，促进了社会的进步。

很多人，明明已经考虑周全并确定了，可仍然前怕狼后怕虎，不敢行动，左右思量，不能决断。最后，脑子里的念头越来越多，对自己也越来越没有信心，精力耗散，陷入完全失败的境地。

一个渴望成功的人，一定要有一种坚决的意志，不可染上优柔寡断、迟疑不决的恶习。在工作之前，必须要确定自己已经打定主意，遇到任何困难与阻力，也不要有怀疑的念头。处理事情时，事前应该仔细地分析思考，对事情本身和环境作一个正确的判断，然后再作出决定。而一旦决定作出了，就不能再有任何怀疑和顾虑，也不要管别人说三道四，只要全力以赴去做就可以了。做事的过程中难免会出现一些错误，但不能因此心灰意懒，应该把困难当教训、把挫折当经验，要自信以后会顺利些。这样，成功的希望就会更大。在作出决定后，如果还心存疑虑、反复思量，无异于把自己推入一种无可救药的沼泽中，最终只好在痛苦和懊恼中结束一生。

某地发生水灾，整个乡村都难逃厄运，村民们纷纷逃难。一位虔诚的基督徒爬到了屋顶，等待上帝的拯救。

不久，大水漫过屋顶，刚好有一只木舟经过，舟上的人要带他逃生。这位信徒胸有成竹地说："不用，上帝会救我的。"木舟离他而去。片刻之间，河水已没过他的膝盖。

之后，有一艘汽艇，来拯救尚未逃生者。这位信徒却说："不必，上帝一定会救我的。"汽艇只好到别的地方救其他的人。

几分钟后，洪水高涨，已到了信徒的肩膀。这个时候，有架直升机放下软梯来拯救他。他也不肯上飞机，说："别担心我，上帝会救我的。"直升机也只好离去。

水继续高涨，这位信徒最后被淹死了。

死后，他升上天堂，遇见了上帝。他大骂："平日我诚心祈祷您，您却见死不救。算我瞎了眼啦。"

上帝听后说道："你还要我怎样？我已经给你派去了两条船和一架飞机。"

机会只有一次，成功者应该善于当机立断，抓住每次机会，充分施展才能。你应当纠正优柔寡断的短板，抛弃那种迟疑不决、左右思量的不良习惯。只有这样才能最终获得成功，得到命运的垂青。

以不变应万变,以宽容对狭隘

要想在人生路上一路平坦,就必须是一个有涵养的人,同时要有足够的度量。若心胸狭窄不容他人,他人也必不容你。

——哈佛箴言

处变而不惊,以不变应万变,以宽容对狭隘,以礼貌谦恭对冷嘲热讽,不将心思牵绊于一事一物,不将一丝哀怨气恼挂在心头,这是一个成功者理应具备的容人雅量。

从前,有一个穷秀才在集市上卖字画。有一天,他看见不远处前呼后拥地走来一位富家少爷。秀才知道这位富家少爷的父亲在年轻时曾经欺辱、迫害过自己的父亲,自己的父亲也因此忧郁而死。秀才的心底不由得涌起一阵仇恨的情绪,但是那位少爷并不了解这一切。

少爷被秀才的一幅花鸟画深深吸引住了。他在画前流连忘返,不愿离去,想要买这幅画。秀才却将画收卷了起来,并声称不卖给他。少爷是位痴情任性的人,对那幅画始终难以割舍,不能忘怀。从此以后,他便因为这幅画求而不得而得了心病,日渐憔悴。

最后,少爷的父亲表示愿意高价购买这幅画。可是秀才宁愿把画挂在他家堂屋的墙上,也不愿意卖给他。秀才阴沉着脸坐在画前,自言自语地说:"这就是我的报复,父债子偿。"少爷的父亲没有买到画,失望地回去了。没过几天,那位少爷就死了。

可是秀才没有得到报复后的快感,他连日梦见那位少爷天真的笑脸,这使他的良心受到了谴责,终日痛苦不已。有一天,他应人要求画一幅佛像。可是,他画着画着,就觉得佛像与自己以往画的佛像有很大的差异,这使他苦恼不已。他费尽心思地找原因,突然惊恐地丢下手中的画笔,跳了起来。他刚画好的佛像的眼睛竟然是他心中仇人的眼睛,连嘴唇也是那么相似。他把画撕碎,高喊道:"我的报复又回报到我的头上来了。"

生活就是这样,面对别人的伤害,若一定要以其人之道还治其人之身,最后的结果与其说是报复了自己的敌人,不如说是伤害了自己。

有个青年,总是愤世嫉俗,在学习、生活、工作中遭遇了许多误解和挫折。由于得不到别人的理解,渐渐地养成了以戒备和仇恨的心态看待他人的习惯,总是对别人的小错误斤斤计较,仇恨那些不理解自己的人,结果人际关系十分紧张。在压抑、郁闷的环境中,他感觉整个世界都在排斥他,因此度日如年,几乎要崩溃。

有一天,他出门散心,登上了一座景色宜人的大山。坐在山上,他无心欣赏优雅的风景,想着自己这些年的遭遇,内心的仇恨像开闸的洪水一样涌来。他忍不住大声对着空荡幽深的山谷喊:"我恨你们!"话一出口,山谷里传来了同样的回音:"我恨你们!"他越听越不是滋味,又提高了喊叫的声音。他骂得越厉害,回音就越大越长,扰得他更加恼怒。

就在他再次大声叫骂后,身后传来了声音:"我爱你们!"他扭头一看,只见不远处的寺庙里,一位方丈正冲着他喊。

片刻后,方丈微笑着向他走来,笑着说:"倘若世界是一堵墙,那么爱就是世界的回音壁。就像刚才我们的回音,你以什么样的心态说话,他就会以什么样的语气给你回音。爱出者爱返,福往者福来。为人处世,许多烦恼都是因为对别人斤斤计较、怀恨在心而产生的。你热爱别人,别人也会给你爱;你去帮助别人,别人也会帮助你。世界是互动的,你给世界几分爱,世界就会回你几分爱。爱给人的收获远远大于恨带来的满足。"

听了方丈的话,青年顿时醒悟,拜谢了方丈便下山了。回去后,青年开始以积极、健康、友爱的心态对待身边的一切。他和同事之间消除了误解,没有人故意针对他了,工作比以往顺利了,自己也比以前快乐多了。

人生在世,免不了要和别人相处,由于每个人的文化水平、工作生活、性格爱好等都不同,相处久了,难免会发生磕磕碰碰和矛盾冲突,严重的甚至就会产生仇恨的心理,导致兄弟反目、婆媳不和、同事争执等。其实,有些矛盾只是些小矛盾,只要有一方豁达一些、大度一些,该宽容的宽容,该忘记的忘记,问题就会迎刃而解,干戈也会化为玉帛。生活中没有永远的仇人,只要心中的怨恨消失了,仇人也能变成朋友。如果仇人了解到你对他的怨恨使得自己精疲力竭、紧张不安甚至折寿的时候,他们不是会拍手称快吗?那么,你为什么要用仇人的错误惩罚自己呢?

三分能力,七分责任

聪明、才智、学识、机缘等,固然是促成一个人成功的必要因素,但只要缺乏了责任感,仍是难以成功的。

——哈佛箴言

哈佛有位成功的企业家对"责任"进行的诠释是:"责任即价值。"

责任与价值有着三层的具体含义:第一,只有承担责任,才有可能创造价值。无论价值的大小,都是因为有人承担了责任才产生的。第二,承担责任,是对自身价值的一种证明。你承担的责任越大,表明你的价值越大,社会和企业就越是需要你。第三,责任是回报的前提,首先不是想自己能够得到什么,而应当想想自己承担了什么责任。

从前有个国王叫狄奥尼西奥斯,他统治着西西里最富庶的城市西提库斯。他住在一座美丽的官殿里,里面有无数价值连城的宝贝,一大群侍从恭候两旁,随时等候吩咐。

狄奥尼西奥斯拥有如此多的财富、如此大的权力,自然很多人都羡慕他的好运。达摩克利斯就是其中之一,他可以说是狄奥尼西奥斯的好朋友。达摩克利斯常对狄奥尼西奥斯说:"你多幸运呀,你拥有人们想要的一切,你一定是世界上最幸福的人。"

狄奥尼西奥斯听厌了这样的话,有一天,他问达摩克利斯:"你真的认为我比其他人都要幸福吗?"

"当然是的,"达摩克利斯回答道,"看你拥有的巨大财富、握有的巨大权力,根本一点烦恼都没有。生活还有什么比这更幸福的呢?"

"或许你愿意跟我换换位置试试看吧。"狄奥尼西奥斯说。

"噢,我从没想过。"达摩克利斯说,"但是只要有一天让我拥有你的财富和幸福,我就别无他求了。"

"好吧,我就跟你换一天,也许到时候你就知道了。"

就这样,达摩克利斯被领到了王官,所有的仆人都被引见到达摩克利斯跟前,听他使唤。他们给他穿上王袍,戴上金制的王冠。达摩克利斯坐在宴会厅的桌边,桌上摆满了美味佳肴,美酒、鲜花、昂贵的香水、动人的乐曲,一切应有尽有。他坐在松软的垫子上,感到自己成了世上最幸福的人。

"噢,这才是生活。"达摩克利斯对着坐在桌子那边的狄奥尼西奥斯感叹道,"我从来没有这么高兴过。"

他举起酒杯的时候,一个细长的倒影映在晶莹剔透的高脚杯上。"头上悬挂的是什么,尖端几乎要触到自己的头了。"达摩克利斯好奇地抬眼望了一下天花板。此刻,他看到自己头顶正悬着一把利剑,仅用一根马鬃系着,锋利的剑尖正对着他的双眉之间。达摩克利斯的身体突然间僵住了,笑容也从唇边慢慢地消失,脸色变得煞白,双手一直在颤抖,瞬间没有了胃口,冷汗直冒。他想尽快地逃出王宫,越远越好,随便哪儿都行。但是他怕突然一动会扯断细线,使剑掉落下来,只好僵硬地坐在椅子上,一动不动。

"怎么啦,朋友?"狄奥尼西奥斯问,"你这会儿好像没什么胃口了?"

"那把剑,剑!"达摩克利斯小声说,"难道你没看见吗?"

"我当然看见了。"狄奥尼西奥斯说,"我天天都看得见,因为它一直悬在我的头上,说不定什么时候,什么人或事就会斩断那根细线。也许是哪个大臣欲将我杀死,抑或有人散布谣言让百姓反对我,或者是邻国的国王会派兵来夺取我的王位,又或者是我的决策失误使我退位。如果你想做统治者,就必须尽到自己应尽的责任。因为责任与权力同在,这你应该知道的。"

"是的,我知道了。"达摩克利斯说,"我现在终于明白我错了。除了财富、荣誉,你还有很多责任。请回到你的宝座上去吧,让我回到我自己的家。"

从此,在达摩克利斯的有生之年非常珍惜自己的生活,不再想与国王换位了,哪怕是短暂的一刻钟。

上述的故事提醒大家，如果渴望享受成功的快乐，就必须作好准备，承担随之而来的责任。因为，并不是每一个人都敢于承担自己应尽的责任，任何人都有胆怯的时候。但是，请不要忘记，那是上天赋予你的使命，是你的权利，更是你的义务。

每件事情的发生都有其发生的原因、结果及其收获。责任永远不能推卸，也推卸不掉。所有成功的人都有一个共同的品质——责任感。责任可以说是一个人品格和能力的承载，是一个人走向成功必不可少的素养。

当今社会，处处都为人们提供了发展自己事业的机遇。不过，受社会潮流的影响，不少人身上都滋生出了懒散、不受约束、不负责任的坏习惯。在这些人看来，这样一个时代，谋求自我实现、自我发展、自己创业才是一件很正常的事情。然而，他们忘了，只有责任感才能实现自己的价值，也唯有具备责任感的人才会受到他人的器重与提拔。

抱怨没有鞋，却不知道别人没有脚

你永远不是最倒霉的那一个，总有人比你更倒霉。

——哈佛箴言

有时候，倒霉会爱上你，你到哪里它就跟到哪里，生活变得一团糟，你的心情完全像乌云遮月一样阴暗。这时该怎么办，你怎么才能让心情美好起来？

说起倒霉，谁都是倒霉事一箩筐。在网上随便输进去"倒霉"两个字,就能搜出上千万条"倒霉"信息,谁都觉得自己是最倒霉的人,可以看到很多类如"我是世界上最倒霉的人""有谁比我更倒霉""为什么我这么倒霉"等标题,总之,很多人觉得很倒霉、很郁闷、很难过、很痛苦,生活真是没劲透了,活着还有什么意思?

哈维自认自己很倒霉,先是工作没了,后来经商被骗破产了,花了七年时间才还清债务;和妻子离婚后,自己一个人带孩子,孩子在学校总是闯祸,常常被老师叫去开家长会……总之,没有一件让他高兴的事,他觉得上天对自己太不公平了,什么倒霉事都让他赶上了。

某一天,哈维一如既往地在街道上闲逛,突然有一个黑影从他身边滑过。他不经意地看了一眼,看到一个没有双腿的人坐在一块简易的木板上,木板下面像溜冰鞋一样装了滑动的轮子,两手拿了木棍撑住地面往前滑,时刻注意躲闪过往的车辆和行人。哈维由于好奇心的驱使,在后面跟着他。因为前面是人行道,要比马路高一些。正当他的小板子翘起来的时候,与哈维正好跟四目相对,这人微笑地说:"早上好,今天是个好天气,你觉得呢?"哈维有点吃惊,"抱歉,想问您,每天都这样生活方便吗?"那个人坦然地回答道:"说实话,起初并不觉得,但那是很久之前的事了,与现在无关。现在还活着,我已经很幸运了。"

哈维想到过去,突然为自己的行为感到羞愧:"我现在才发现自己原来是这样幸运,至少我还有两条健康的腿,能活蹦乱跳的。工作没了,可以再找;债务花光了自己的积蓄,好在还完了;至于妻子,应该找个时间和她好好聊一聊孩子的问题。这一切,都是可以解决的。"

从此,哈维每天早起在刮胡子的时候,都会看看贴在镜子上的那句话:"别人骑马我骑驴,回头看看推车汉。比上不足,比下有余。"

犹太人有这样的谚语:"假如你失去一只手,就庆幸自己还有另外一只手。假如失去两只手，就庆幸自己还活着。如果连命都没了，就没有什么可烦恼的了。"当你觉得倒霉的时候，不妨换个角度看问题，看看自己还拥有什么，这样你会觉得自己还是很幸运的。

有一个人跟随一个旅游团去外地观光，坐的是大巴车。路上要经过一段环绕的山路，十分崎岖，不过司机说没问题，说他对这条路很熟，把车开得还很快。正当大家兴致勃勃地观赏窗外的风景时，悲剧发生了。大巴车与一辆货车几乎走了个对面，大巴车匆忙躲闪，由于车速过快，大巴车失去控制，翻到了山沟里，车里的乘客非死即伤。这个人也伤得很重，左腿被狠狠地卡到了车座里，后来被送进医院，医生不得不宣布截去他的左腿，这意味着他从此要与假肢、拐杖和轮椅为伍了。但是这个人醒来后非常乐观。亲戚朋友们来看他，以为他是在强颜欢笑，对左腿截肢只字不提。但是他说："还好，我觉得我很幸运。除了这条不听话的腿，我身上其他零件都还好好的，什么也耽误不了。那些丢了命的人才是最倒霉的。"

记住，你永远不是最倒霉的那一个，总有人比你更倒霉。当你遇到不开心的事时，就想想那些比你更倒霉的人吧。再仔细想想，你是不是还拥有其他的东西？比如，有份自己喜欢的工作，有两个可以诉苦的朋友，有几件不错的衣服可以替换，能去上网，能看见明天的太阳，等等。你还有什么不满足的呢？

坏习惯是一生的累赘

几乎一切都难以战胜坏习惯,以致一个人尽可以诅咒、发誓、夸口、保证,到头来还是难以改变坏习惯。

——哈佛箴言

一位诺贝尔奖获得者说:"好习惯使人终身受益。"在这句话的背后隐含着另外一句话:"坏习惯使人终生受害。"为者常成,行者常至。也许可以这样说,成功的事业其实是好习惯的必然结果,失败的事业和人生则是坏习惯导致的恶果。

心理学巨匠威廉·詹姆斯说:"播下一个行动,收获一种习惯;播下一种习惯,收获一种性格;播下一种性格,收获一种命运。"坏习惯是一生的累赘,它引导你由成功走向失败,将可撷取的成功果实化作流水。

一个平时坏习惯很多的小伙子一直没有得到爱神的青睐。这次,他的朋友热心地给他介绍了一个女友。在他出门之前,他的朋友一再忠告他:"你一定要收敛起你以前的坏习惯,第一,你下车后要替你女朋友开门;第二,你女朋友要入座时,你应在她椅子后帮她拉椅子;第三,她说话时你要温柔地看着她;第四,她需要什么东西,你一定要抢先做好,不要让她动手。如果这些都能做到,那十之八九就能成功得到她的芳心。"第二天,他打电话给朋友,沮丧地说:"我没有希望了。"

朋友问他:"你是不是忘了替她开车门?"

他说："不，她替我开的。"

朋友又问："你是不是忘了帮她入座？"

他说："我没有那个习惯。"

朋友又问："你是不是在她说话的时候东张西望？"

他说："不，我在打瞌睡。"

最后，朋友问："那你有没有动手帮她做什么事情呢？"

他说："我不小心打翻了她手里的饮料杯。"

培根在《论习惯》中告诫人们："人的思考取决于动机，语言取决于学问和知识，而他们的行动多半取决于习惯。"习惯的养成，好似细绳变成绳索。每一次重复相同的行为，就增加并强化它，绳索又变成缆绳，最终就成了根深蒂固的习惯，把人们的思想与行为缠得死死的。

习惯是一柄双刃剑，好的习惯是人生进步的阶梯，坏的习惯则是绊脚石。要拥有成功与幸福的人生，就要努力培养好习惯，不断克服坏习惯。

有人对148名杰出青年的童年作过研究，发现良好习惯与健康人格是他们成为杰出青年的重要原因。坏习惯往往伴随人们的一生，而人们又不自知。自卑、懒惰、自私常常是坏习惯的座上客，是导致半途而废的主要原因，也是成功的大敌。仔细想想，你了解自己吗？你能掌握或是控制自己吗？若是你对失败习以为常，这种感情色彩将在你所做的一切事情中留下烙印，同样地，如果你能建立起一个成功的模式，你便能够激励起胜利的感情色彩。

从这个意义上说，改变了习惯，也就改变了你的命运走向。

古佛里几亚国王葛第士以非常奇妙的方法在战车的轭上打了一串结。他预言："谁能打开这个结，谁就可以征服亚洲。"很久都没有一个人能将绳结打开。

这时, 亚历山大率军入侵小亚细亚。他来到葛第士绳结前, 不加考虑便拔剑砍断了它。后来, 他果然一举占领了庞大的波斯帝国。

人是环境的产物, 习惯对人们有着巨大的影响。有人说, 养成一个好习惯, 比一年赚100万还有价值。只有在自我修养的路上谨慎笃行, 才会让灵魂闪光, 才会让自己在进步的征程中渐行渐远。

古人说: "少成若天性, 习惯如自然。" 一个最高尚的人也可以因坏习惯而变得愚昧无知、粗俗无礼。坏习惯给人们的生活带来了不便, 阻碍了人们前进的路。为了不让坏习惯左右你的未来, 从今天起不要再疏忽坏习惯的影响。

人生最大的厄运就是惰性

在这个社会上, 不论什么人要想做成一件事, 都必须抗击来自人性中懒惰的缺点, 使外界的逼迫变为内心的自觉。

——哈佛箴言

大多数的人喜欢舒适, 能躺着拿到东西绝对不会坐起来, 能坐着拿到东西绝对不会站起来, 能站着拿到东西绝对不会跳起来。舒适是个极坏的东西, 是滋生懒惰的温床, 腐朽、堕落等现象大多因舒适而衍生。

一个铁匠用同一块铁打了两把锄头, 摆在地摊上卖。农民买走了其中的一把锄头,马上就下地使用起来;另外一把锄头被一个商人得到,因为无用被闲放在商人的店里。

半年以后,两把锄头偶然碰到一起。原本质地、光泽、锻造方式都相同的两把锄头现在大不相同。农民手里的锄头,好像银子似的锃光闪亮,甚至比刚打好时更光亮;而那把一直被商人放在店里的锄头,却变得暗淡无光,上面布满了铁锈。

"我们以前都是一样的,为什么半年之后,你变得如此光亮,而我成了这副样子了呢?"那把生满锈迹的锄头问它的老朋友。"原因很简单啊,这是因为农民一直使用我劳动。"那把光亮的锄头回答说,"你现在生了锈,变得不如以前,是因为你老侧身躺在那儿,什么活儿也不干。"

故事中的两把锄头本来条件一样,一把锄头因为到了勤劳的农民手里,每天跟着农民一起劳动,所以变得比刚打好时还光亮有力;而另一把锄头因为一直闲在商人的店里无所事事,所以变得黯淡无光,并且布满了铁锈。由此可见,勤奋和懒惰所带来的结果是多么的悬殊。

刀越磨越锋利,锄头越用越光亮,人越学越聪明。勤奋和懒惰都是一种习惯,只不过勤奋的习惯使人走向光明,懒惰的习惯使人走向越来越深的黑暗。

比尔·盖茨说:"懒惰、好逸恶劳乃是万恶之源,懒惰会吞噬一个人的心灵,就像灰尘可以使铁生锈一样。懒惰可以轻而易举地毁掉一个人,乃至一个民族。"所以,大家应该用勤奋筑一道防护堤,阻挡懒惰的靠近。

杰克·伦敦的童年生活充满了贫困与艰难,他每天跟着一群恶棍在旧金山湾附近游荡。说起学校,他不屑一顾,并把大部分的时间都花费在偷盗等勾当上。不过有一天,他漫不经心地走进一家公共图书馆内开始读起名著《鲁滨孙漂流记》时,他看得如痴如醉,并受到了深深的感动。在看这本书时饥肠辘辘的他，竟然舍不得中途停下来回家吃饭。第二天，他又跑到图书馆去看别的书，另一个新的世界展现在他的面前——如同《天方夜谭》中巴格达一样奇异美妙的世界。从这以后，一种酷爱读书的情绪便不可抑制地左右了他。一天中，他读书的时间有10~15小时，从荷马到莎士比亚，他都如饥似渴地读着。19岁时，他决定停止以前靠体力劳动吃饭的生涯，改成以脑力谋生。他厌倦了流浪的生活，不愿再挨警察无情的拳头，也不甘心让铁路的工头用灯按自己的脑袋。

于是，他在19岁时，进入加利福尼亚州的奥克德中学。他不分昼夜地用功，从来就没有好好地睡过一觉。天道酬勤，他也因此有了显著的进步，只用了3个月的时间就把4年的课程念完了。通过考试后，他进入了加州大学。

他渴望成为一名伟大的作家。在这一雄心的驱使下，他一遍又一遍地读《金银岛》《基督山伯爵》《双城记》等书，之后就拼命地写作。他可以用20天的时间完成一部长篇小说。他有时会一口气给编辑们寄出30篇小说，但它们统统被退了回来。

后来，他写了一篇名为《海岸外的飓风》的小说，这篇小说获得了《旧金山呼声》杂志所举办的征文比赛头奖，但他只得到了20美元的稿费。5年后，他有6部长篇与125篇短篇小说问世。他成了美国文艺界知名的人物之一。

一个人的成就和他的勤奋程度永远是成正比的。懒惰者是不能成大事的，因为懒惰的人总是贪图安逸，缺乏吃苦实干的精神，总存有侥幸心理。而成大事之人，他们更相信"勤奋是金"。不经历风雨怎么见彩虹，一个人怎能随随便便成功？

那么怎样才能培养勤奋的习惯，战胜懒惰的心理呢？

以下是几点克服懒惰的好方法，不妨试一试。

第一,保持一颗进取心。进取心是一种永不停息的自我推动力,它会使你的人生更加崇高。拥有进取心之后,那些不良的恶习就没有了滋生的环境和土壤。久而久之,懒惰的习性就会逐渐消失。

第二,学会肯定自我,勇敢地把不足变为勤奋的动力。学习与劳动时都要全身心投入争取最满意的结果。无论结果如何,都要看到自己努力的一面。如果改变方法也不能很好地完成,说明是技术不熟或还要完善其中某方面的学习。扎实的学习最终会让你成功的。

第三,规律生活。生命活动是有规律进行的,一个人起居有常,三餐适时,劳逸适度是身体健康的保证。懒散之人往往散漫成性,生活杂乱无章,睡无时、食无量,身体各系统的功能活动很难与环境相适应。时间久了,身体健康会受到摧残。

第四,使用日程安排表。这个日程表可以帮你把所有事项很有条理地记录在一个地方,并时时提醒你抓紧行动,许多成功人士均有这种日程安排表,如"富兰克林的计划簿"。

第五,在住宅之外的地方学习。人的行为在住宅内外是有很大差异的。家一般是休息之所,故在家里容易松懈。在家之外的地方,特别是在图书馆等有学习氛围的地方,则会紧张起来。此外,有些人养成的一些懒惰的恶习,如躺在床上看闲书,若离开了家,就铲除了它赖以存在的土壤。还有,家里供你消遣的东西太多,电视、电脑、电话、食物,这些东西都是能诱使你分心的潘多拉魔盒。离开了家,就离开了这些诱惑。

第八课

正确的价值观是努力的基础

哈佛的校训是："让真理与你为友。"那么，到底什么是真理呢？每一个国家、民族对这个词汇都有不同的理解。在哈佛大学，它被赋予的含义是："真相、诚实和正直。"

用自己的眼睛来判断

全心依赖自己，在自己之中拥有一切。如果说这样的人还不幸福，你
又能相信谁呢？

——哈佛箴言

任何一件事情，都有两个以上的观点存在。为什么呢？因为一个人
很难完全看清这件事情的全貌，只能从某个角度看到部分真相。看待问
题的角度不同，就会形成不同的观点，也会存在观点冲突。为了获得真
知，为了做对事情，有必要多听听别人的意见，这样就可以对事情真相
了解得更多。

但是，完全听从别人的观点，没有自己的主见，就会无所适从、失去
自我。所以，既要在别人的观点中博采众长，也要相信自己的眼光和判
断。世上没有绝对的东西，每一件事也因个人衡量的标准、立场不同而改
变其价值。因此，要善于利用自己的双眼，别人的判断并不能代表你的思
想。波兰有句谚语："自己的一只眼睛，胜过别人的一双眼睛。"这句话
的意思是："以自己的眼睛，去确定事实真相。"

除了依赖眼睛之外，还要善用头脑。任何一件事都要经过判断才做出
结论，而不能人云亦云。

做任何事情，每个人都会按自己认为正确的方式去做。但这样做到底
是否真的正确呢？有时很难判断。因为真理往往会在假象中蒙尘，很难一
目了然。那么，是否应该等到完全确认这件事情的正确性之后再去做呢？

当然不行。真理要靠行动发掘，如果等到完全正确后再去做，就将止步于探求真理的途中。对此，哈佛人的观点是，在从事自己认为有价值的事时，假如没有确实的证据证明它是错的，就不妨假设它是对的，并勇往直前。要全心相信自己所做事情的价值，即使受到阻挠和诽谤，也不改变信念。只有这样，才能完成伟业。

奥本海默一直以来都是哈佛人的骄傲，因为他是世界上第一颗原子弹的创始人。那是在"二战"时期，奥本海默负责了整个"曼哈顿工程"，为美国制造原子弹。制造原子弹对整个人类来说也是一件开天辟地的大事，因此也就意味着这件事没有任何成功的经验可以借鉴。很多人认为这项工作不可能完成；还有很多人认为，假如原子弹研制成功，对人类将是一个灾难。

但是，奥本海默坚信自己工作的价值，坚信自己想努力达成的一切是对的，因为他知道德国人正在加紧研制原子弹。核武器一旦被恶魔希特勒首先掌握，后果将不堪设想。所以，奥本海默下定决心，一定要在德国人之前把原子弹制造出来。他知道，可能也会有人因此诅咒他。他毕竟是在领导着制造人类历史上第一个能使人类毁灭的武器。但他确信自己所做的事是对的，是为整个全人类服务的，这个事实给了他无穷的力量。他对所有关于原子弹的消极论调一概置之不顾，以极大的热情，全身心投入这项史无前例的艰巨工作中。

为了早日获得成功，奥本海默不仅自己努力工作，还热情地激励他的每一位同事。他认为，必须依靠广大科学家的集体智慧才能完成这项划时代的工作。他每周组织一次学术讨论会，鼓励每位科学家畅所欲言、献计献策。

后来，他的同事回忆说："奥本海默也许是我见过的最好的实验室主任，因为他头脑十分灵活，成功地了解了实验室几乎每一项重要的发明，也因为他对别人的心理有很不寻常的洞察力，这一点在物理学家中是很少见的。人人都感到，奥本海默关心每一个人的工作。他善于挖掘每一个人的内在潜力，善于鼓舞人。他和人谈话时，总要使对方明白，你的工作对整个工程的成功来说是重要的。我们不记得在洛斯阿拉莫斯时他对谁不好，虽然战前和战后他常同别人闹别扭。在洛斯阿拉莫斯，他没有使任何人感到自卑，一个也没有。"

成功属于那些对自己事业充满狂热和具有坚定信念的人。可以说正是这种坚强的意志造就了奥本海默的成功。终于在1945年，原子弹问世了。

大家应该注意，"相信自己所做事情的正确"并不是盲目的自以为是。正确与否，源于对某些事实所作的判断。可以看不到事实的全部，但绝不能完全背离事实，尤其是某些核心事实。比如，奥本海默认为应该研制原子弹，是基于这样一个事实：假如法西斯首先掌握原子弹，全人类将面临灭顶之灾。那么，原子弹研制成功，会不会带来副作用？这在当时来说，是一个需要时间证明、暂时看不到的事实。在判断事物价值时，看不到的事实当然要让步于可见的事实。

当然并不是说你应该以眼前得失作为判断依据。恰恰相反，为了事业成功，你应该为了长远之得而承受眼前之失。

亨利·福特为了坚持自己认为正确的事，曾跟他的同事们进行了一场激烈的辩论。那时候，福特汽车公司生产出了价廉物美的T型车，当年即售出一千多辆，形势似乎大好。没想到，年底时结算，发现根本没有赚到钱。

这是什么原因呢？

原来，为了让T型车更加完美，公司每装配成一部汽车，亨利·福特都要求对各种机件的结构、功能作详细检查和试验，然后再绘出几种另外的图样进行研究比较。如果认为原有的机件不好，就在下一部汽车中加以改进。如此一来，几乎每辆车的零件都不完全相同，无法批量生产，成本自然偏高。为此，在公司董事会上，福特遭到以柯金斯为首的股东们的责难。他们认为，照这样做是不可能赚到钱的。

福特耐心解释说："现在是不赚钱，前景却妙不可言。"

柯金斯说："有一个事实，你可能没有注意到，福特先生。汽车零件的型号不固定，一天一变。请问，买我们汽车的人，如果零件坏了，要换一个新的，你拿什么给人家？"

福特说："只好替顾客照原样造一个。"

柯金斯冷笑说："你不觉得这违反常识吗？这样做，成本将高得让我们无法承受。"

福特解释："这是因为目前的汽车零件还不够理想，只有不断改进才能使之完善。到那时，零件就可以定型了，成本也会随之降低。"

在福特的坚持下，公司决策层终于达成共识，全力支持T型车的开发和生产。几年后，近乎完美的T型车终于问世，它就像一阵旋风似的畅销全美国。福特公司也由此争得汽车行业的霸主地位。

福特考虑长远发展，是正确的；柯金斯考虑眼前利润，也没有错。在生活中，当你面临的意见冲突时，经常不是谁对谁错的问题，而是谁更正确的问题。那么，判断的依据是什么呢？该在什么时候坚持自己的意见，又该在什么时候采纳别人的意见呢？哈佛人提供了一个简易的判断标准：哪种意见对公众更有利，哪种意见就更正确。奥本海默的坚持，能为人类提供安全保障；福特的坚持，能为顾客提供价廉物美的产品，他们的坚持对公众更有利，完全可以认为是正确的。

在生活中，只要确信自己所做的事对公众有利而不仅仅是对自己有利，那么就可大胆相信自己所做的是一件极具价值的事，并且勇往直前。

盲从就是对自己不负责任

人要有自己独立的思想与观点，不可人云亦云。盲从和谬误不会带来成功与幸福，只有坚持真理的人才能在其人生道路上走得更好更远。

——哈佛箴言

影响独立思考的一个重要原因就是"从众定式"。"从众"就是服从众人、顺从大多数、随大溜。在"从众定式"的影响下，别人怎样做，自己也怎样做；别人怎样想，自己也怎样想，个体缺乏独立思考的意识。哈佛大学的一位教授为了说明人的从众心理，曾经在课堂上给他的学生们讲了这样的故事：

有一种奇怪的虫子，叫"列队毛毛虫"。顾名思义，这种毛毛虫喜欢列成一个队伍行走。最前面的一只负责方向，后面的只管跟从。一个生物学家诱使领头的毛毛虫围绕一个花盆绕圈，其他的毛毛虫跟着领头的毛毛虫，在花盆边沿首尾相连，形成一个圈。这样，整个毛毛虫队伍就无始无终，每个毛毛虫都可以是队伍的头或尾。每个毛毛虫都跟着它前面的毛毛虫前行，周而复始。几天后，毛毛虫依次从花盆上掉了下来。

有一个课堂曾请了一个"德国化学家"来展示他最近发明的某种挥发性液体。当主持人将满脸大胡子的"德国化学家"介绍给学生后，化学家用沙哑的嗓音向同学们说："我最近研究出了一种有强烈挥发性的液体，现在我要进行实验，看它要用多长时间能从讲台挥发到全教室，闻到味道的人马上举手，我要计算时间。"说着，他打开了密封的瓶塞，让透明的液体挥发。不一会儿，后排的同学、前排的同学、中间的同学都先后举起了手。不到两分钟，全体同学都举起了手。

此时，"德国化学家"把大胡子扯下，拿掉墨镜，原来是本校的德语老师。他笑着说："我这里装的是蒸馏水。"

教授通过这些有趣又很有哲理的故事，说明了无论是动物还是人，都会没有主见，一味盲目地随大溜。从表面上看起来只是个人的性格问题，其实它可以给人的生活、事业套上无形的枷锁。因此，盲从危害不仅在于你不能独立思考作出合理判断，而且必定失去自我。因为，你早已失去了信心，失去了用自己的头脑思索问题并作出人生抉择的能力，而没有个人独立思维的人是不会有什么成就的。

作为一名成功的证券投资商，霍希哈从来不鲁莽行事。他的每一个决策都是建立在充分掌握第一手资料的基础上。他有一句名言："除非你十分了解内情，否则千万不要买减价的东西。"这是他用自己的惨痛经历换来的教训。

1916年，刚刚踏入股市的霍希哈用自己的全部积蓄买下了雷卡尔钢铁公司的大量股票。他原本希望这家公司走出经营的低谷后，自己可以赚一笔，但是，他犯下了一个不可饶恕的错误。他没有注意到这家公司的大量应收账款实际已成死账，而它背负的银行债务即使以最好的钢铁公司的业绩水平来衡量，也得用30年时间才能偿清。结果，雷卡尔公司不久就破产了，霍希哈也因此倾家荡产，只好从头开始。

从那以后，霍希哈每一次投资都小心谨慎。1929年春天，就是世界经济危机来临的前夕，大家都在疯狂地买入股票时，霍希哈却将全部的股票抛售出去，净赚了400万美元。他说："当全美国的人们都在谈论股票，连医生都停业去做股票投机生意的时候，你应当意识到这一切不会持续很久了。"事实证明他的选择是明智的，他幸运地躲过了这场灾难。

霍希哈的决定性成功来自于开发加拿大亚特巴斯克铀矿的项目。霍希哈从战后世界局势的演变及核武器的巨大威力中感觉到，铀将是地球上最重要的一项战略资源。

于是，从1949年到1954年，他在加拿大的亚特巴斯克湖买下了大片土地。亚特巴斯克公司在霍希哈的支持下，成为第一家以私人资金开采铀矿的公司。然后，他又邀请地质学家法兰克·朱宾担任该矿的技术顾问。

在此之前，这块土地已经被许多地质学家勘探过，分析的结果表明，此处只有很少的铀。但是，朱宾对这个结果表示怀疑。他确认这块土地藏有大量的铀。他竭力向十几家公司游说，劝它们进行一次勘探。但是，这些公司均表示无此意愿。而霍希哈在听取了朱宾的详细汇报之后，觉得这个险值得去冒。

1952年4月22日，霍希哈投资3万美元勘探。在5月份的一个星期六早晨，他得到报告：在78个矿样中，有71块含有品位很高的铀。朱宾惊喜得大叫："霍希哈真是财运亨通。"霍希哈从亚特巴斯克铀矿公司得到了丰厚的回报。1952年初，这家公司的股票尚不足45美分一股，但到了1955年5月，亚特巴斯克公司的股票已飞涨至252美元一股，成为当时加拿大蒙特利尔证券交易所的"黑马"。

在加拿大初战告捷之后，霍希哈立即着手寻找另外的铀矿，这一次是在非洲的艾戈玛。与上一次惊人相似的是，专家们以前的钻探结果表明艾戈玛地区铀的资源并不丰富。

但霍希哈更看中在亚特巴斯克铀矿开采中立下赫赫战功的法兰克·朱宾的意见。朱宾经过近半年的调查后认为，艾戈玛地区的矿砂化验结果不够准确。如果能更深地钻入地层勘探，一定会发现大量的铀矿床。

1954年，霍希哈交给朱宾10万美元，让他正式开始钻探的工作。两个月以后，朱宾和霍希哈终于找到了非洲最大的铀矿。这一发现，使霍希哈的事业跃上了顶峰。

1956年，据《财富》杂志统计，霍希哈拥有的个人资产已超过20亿美元，排名世界前100位富豪榜第76位。

如果有人没有看过某本书就对它发表评论，那么你肯定不会相信和赞同他的观点。同样的道理，如果你对某个问题没有充分的认识和了解就轻率地得出某种结论，那么你的结论一定也没有说服力。这就是人们通常所说的"没有调查就没有发言权"，道理很好理解，但真正不辞辛苦、排除万难地做到却不容易。

独立思考，不从众，尽管很多人都明白这个道理，但是在实践中往往被从众心理拉到真理的另一边。因此，不从众的关键是要有自信、有勇气、有正气。

独立思考时，首先要仔细地考虑一下，它是否真的是自己内心的真实想法。倾听各种人的意见、集思广益是必要的，但更要听从内心的召唤，独立思考，作出决断。

不向权势人物折腰

大学最根本的任务是追求真理本身，而不是去追随任何派别、时代或局部的利益。

——哈佛箴言

在生活中，很多人认为靠名人的影响力才能出名，巴结讨好权势人物才有做强、做大的机会，所以，平时总是对名家和权威机构小心呵护，视若神明。然而，他们不知道，一个人如果不能坚持自己的个性，随时向权势人物折腰，其人生事业发展必然是畸形、不健全的。

数百年来，哈佛大学始终坚持学术自由、思想独立的原则。从不会因任何政治权力而放弃自己的原则，更不会改变自己的风格去讨好当权人士。

其实，哈佛并不吝于授予荣誉，但它只授给有资格拥有名誉职位的人。如果他没有资格拥有，即使总统也别想得到它。

世界著名外交家、政治家基辛格博士最初是在哈佛大学执教多年的教授。在他步入政坛之后，曾经先后出任总统国家安全事务助理、国务卿等多种高级职务，从而离开了哈佛的教授岗位。按美国大学的规定，凡从政者不能兼职。因此，基辛格必须辞去教授职务，他虽依然具有大学教授的任职资格，但不再是哈佛大学的在职教授了。基辛格功成名就后，表示很想重回哈佛大学担任教授，但被哈佛大学婉言谢绝，原因是他不给学生上课。对此，时任哈佛大学校长的博克教授解释道："基辛格是个学识渊博的人。论私交，我和他的关系也不坏。但我要的是教授，不是不上课的大人物。"

按照一般人的观点，也许会想基辛格博士作为资深政治家、外交家，不仅政绩不凡，有相当的社会知名度和影响力，而且知识渊博，聘请一个这样的人来当教授，对学校的知名度大有好处。

但是，哈佛大学从来不想借助任何名人的知名度。因为这里是一个盛产名人的地方，美国总统、诺贝尔奖获得者、普利策奖得主及各行各业的顶尖人士都从这里诞生。它也不需要借某个人扬名，所以招聘教授，只看求职者的任职条件，从不考虑其资历及背景，更不看他当年所担任过什么高级官衔。不管你是谁，名气有多大，只要不给学生上课，不履行教授的义务，就不可能聘任你。对基辛格这样拥有教授资格的大牌人物，哈佛大学 也照样不给面子。

哈佛大学不向权势人物折腰，绝不是因为它妄自尊大。它的教育训诫是"与真理为友"，而不是"与权势为友"，唯有如此，才能保障学术自由、思想独立。这正是它屹立百年而不倒的根基。再者，师资力量的强弱，直接关系到一个学校教学和学术研究的质量，关系到学校的核心竞争力。如果因为某个拥有特殊地位就网开一面。此例一开，各种类似的事情会随之发生，它将如何继续维持自己的竞争力呢？

大学是一个教书育人的地方，众多的大学生走上社会后，他们所受的教育和产生的影响是深远的。无论是一所大学还是一家公司，都要有自己的原则与个性。一旦迎合了某些人的口味而随时迁就，原则和个性就失去了，竞争力也将同时消退。哈佛大学不向权势人物折腰，无疑给它的学生们作出了一个很好的示范。

一次，基辛格出访，来到耶路撒冷，想顺便造访在当地名气颇大的芬克斯酒吧。他亲自打电话预约，接电话的正是该酒吧的老板罗斯恰尔。出于安全考虑，基辛格要求在他造访时，酒吧谢绝接待其他客人。

其实，按国际惯例，基辛格这个要求并不过分，而且对老板罗斯恰尔来说，也是一个提高酒吧知名度的好机会。

但出人意料的是，"老板一口回绝了他："您想光顾本店我很荣幸，但我不能因为您的光顾而拒绝接待其他客人，因为他们都是支撑本店生意的人。"

基辛格虽然受到了拒绝，却从心底里欣赏罗斯恰尔做生意的原则。第二天，他又打电话给罗斯恰尔，说明天将造访，并且不必拒绝其他客人。

芬克斯酒吧对客人一视同仁的态度让人更加敬佩，从此更是声名远扬。

坚守人格底线

做人要坚守人格底线，每一个人都如此，社会才会更美好。

——哈佛箴言

很多人都认为，伦理道德只是些冠冕堂皇的说辞，让人觉得响亮动听，实际上真正能说到做到的人并不多。就像说谎，谁都知道说谎不好，可说谎者还是大有人在。哈佛在这方面一直以严格著称。

开禁钓鲈鱼的前一天晚上，一个孩子和父亲很早就来到了湖边，撒出蚯蚓来诱钓鲈鱼。很久以后，当渔竿被有力地牵动时，孩子明白水底下有个大东西上钩了，他感觉这是他见到过的最大的鲈鱼。

父子俩兴奋异常地瞧着这尾大鱼，月光下隐约可见鱼鳃还在翕动呢。父亲划根火柴看看手表，刚好12点，已经到了开禁时间。

父亲看看鲈鱼，又看看儿子，终于说："孩子，你必须把鱼放回湖里去。"

"爸爸！"儿子喊道。

"我们还能钓到其他的鱼。"父亲补充道。

"我们不可能再钓到这么大的一条！"儿子大声嚷着。

与此同时，孩子举目环视，朗朗月光下见不着任何钓鱼人和捕鱼船，他又眼巴巴地盯住父亲。可父亲的决定毫无通融的余地。他只好慢慢从大鲈鱼口中拔出鱼钩，将它放回到湖里。

事情过去几十年了，孩子已成为纽约一位知名的建筑师。在现实生活中，每当遇到有悖于道德的事情时，他眼前总是会一次又一次地浮现出那条难忘的大鲈鱼。

放鱼归湖是一种高尚的境界，能否时刻遵守内心正直的道德底线将成为考验我们人格的试金石。在人的一生中，始终有一双正直的眼睛一直在看着你，时刻监督着你的行为。能够在关键时刻守住底线，方能体现你的英雄本色。

一个小偷被警察追捕，走投无路便跑到教堂里避难。为了让牧师帮助他，他承诺："只要你能帮我逃脱，我会给你1万美元。"牧师没有反应，他又说："5万，10万！"这时，牧师大叫一声："你走开。你再加我就真的要动摇了，因为你的出价快超过我的底线了。"

这个牧师就因为在关键时刻守住了自己的底线，所以，最后才没有做出助纣为虐的事。他用实际行动向别人证明了自己是一个合格的布道者。

底线问题处处存在，商场也有它的身影。想要获得利益就必须符合道德、法律和伦理。在这方面，李嘉诚就给人们树立了榜样，他曾经断然拒绝高价收购股票的故事在香港被广为流传，也因此而赢得了极高的声誉。

李嘉诚曾拥有一家公司的大额股份。由于经营上的原因，另外一家公司对其心怀恶意，便开始大量收购这家公司的股权。到最后，只要收购了李嘉诚持有的这些股份，他就能完全控制该公司。所以，这家公司找到了李嘉诚，并开出上百亿的收购天价。但李嘉诚不为利益所动，而是严词拒绝，原因在于这家公司收购的动机只是为了报复而非发展。

每一个人都要守住自己的人格底线，这是一个人最基本的准则。

独立思考，善于质疑

创造权力的人对国家的强大作出了必不可少的贡献，但质疑权力的人作出的贡献同样必不可少，特别是当这种质疑与私利无涉之时。因为，正是这些质疑权力的人们在帮助人们作出判断：究竟是你使用权力，还是权力使用你。

——哈佛箴言

大家知道，哈佛大学在历史上出了几十位诺贝尔奖得主。获得诺贝尔奖必须有很强的独立思考能力和分析能力，否则不可能发现问题、解决问题，尤其是在权威面前。

哈佛大学自身不仅是这样说的，也是这样做的。作为世界瞩目的名校，来自各方面最尖刻的批评时刻让哈佛大学接受着挑战，而哈佛大学对这些批评给予鼓励。谁批评了哈佛大学，谁就会被请进学校去演讲。管理学家史坦勒博士就是因为激烈地批评哈佛大学企业管理教育的弊端而被哈佛大学聘为教授的。

2008年，哈佛大学的教授丽莎·兰道尔在一次核裂变实验中意外发现有微粒突然消失，由此大胆假设这些消失的微粒可能飞入了人类看不到的"第五维度空间"，挑战爱因斯坦的广义相对论。

她大胆提出地球可能存在"第五维度空间"，这一假说与爱因斯坦的广义相对论中关于"四维空间"的理论相悖，国际物理学界为之震惊。

"我认为（地球上）存在'第五维度空间'等其他的维度。如果这个假设正确，那么其他空间（第五维度空间）其实离我们并不遥远，甚至可以说近在咫尺。只是它们隐藏得很好，我们看不到而已。"

她坚持自己的发现，把"第五维度空间"变成全新的理论，应用于世界上规模最大的大型粒子对撞机。

哈佛大学的这种理念在学生中的集中体现就是在学习的每一个环节上都善于质疑。例如，他们在课堂讨论时，质疑教师、挑战现存理论和方法，而这种行为是得到老师加分的重要来源。如果一个学生没有在课堂上提出疑问或不同见解，那么哈佛大学的教授们对他一般只会有两种评价："要么对这门学科不感兴趣，要么没有学习能力。"无论哪种情况都不能给他好分数。在课堂上，他们的理念是"老师尽量不要回答学生的问题""一定不要让学生认为老师是回答问题的机器"。如果学生提问，他们一般会提供一些参考资料或几个备选答案让学生自己去探索。

来自外界的权威对独立思考来说是一种制约。这种权威定式的形成，主要通过两条途径：一是儿童在走向成年的过程中所接受的"教育权威"；二是由于社会分工的不同和知识技能方面的差异所导致的"专业权威"。

人是教育的产物。来自教育的权威定式，使人们逐渐习惯以权威的是非为是非，对权威的言论不加思考盲信盲从，其结果正如传统的"听话教育"那样，在家听父母的话，在学校听老师的话，在单位听领导的话，而唯独缺少"自我思索、冲破权威、勇于创新"的意识。

权威定式形成的第二条途径，是由深厚的专业知识所形成的权威，即"专业权威"。这种专业权威又以两种形式影响着我们：一种是与你在同一领域中的权威，比如你的老师和同一领域的专家；另一种就是专业领域之外的权威。由于时间、精力和客观条件等方面的限制，一个人在自己的一生中，通常只能在一个或少数几个专业领域内拥有精深的知识，而对于其他大多数领域则知之甚少，甚至全然无知，这就是"闻道有先后，术业有专攻"的道理。

面对各种权威，该如何保持自己的独立性呢？

小泽征尔去欧洲参加指挥大赛，决赛时，他被安排在最后。评委交给他一张乐谱，小泽征尔稍作准备便全神贯注地指挥起来。突然，他发现乐曲中出现了一点不和谐，开始以为是演奏错了，就指挥乐队停下来重奏，但仍觉得不自然，感到乐谱确实有问题。可是，在场的作曲家和评委会权威人士都声明乐谱不会有问题，是他的错觉。面对几百名国际音乐界权威，他不免对自己的判断产生了动摇。但是，他考虑再三，坚信自己的判断是正确的。于是，他大声说："不，一定是乐谱错了。"他的声音刚落，评判席上那些评委们立即站起来，向他报以热烈的掌声，祝贺他大赛夺魁。

原来，这是评委们精心设计的一个圈套，以试探指挥家们在发现错误而权威人士不承认的情况下，是否能够坚持自己的判断。因为，只有具备这种素质的人，才真正称得上是世界一流音乐指挥家。在三名选手中，只有小泽征尔相信自己而不附和权威们的意见，从而获得了这次世界音乐指挥家大赛的桂冠。

面对权威，大家要独立思考、善于质疑："他是不是绝对正确？其言论是否与权威的自身利益有关？事实的真相已经完全被揭示了吗？"但是说出自己的观点，前提是要有充分的知识和经验，让你站出来打破权威的自信，这就需要你平时的修炼了，也就是你要有独立思考的基础知识积淀。

挑战权威不是为挑战而挑战，而是为驱除权威对思想的禁锢，为寻求真理而挑战。质疑也不是要怀疑一切，而是要求人对凡事不仅要知其然，还要知其所以然，要有自己的想法，有自己的思维和角度，不能一叶障目、盲信偏听。

避免愚蠢的固执

人们不是看到事实，而是对自己看到的东西进行解释并称之为事实。

——哈佛箴言

某些你认为正确的主张，可能是一种偏离事实的解释。无论它看起来多么合乎逻辑，也可能是错的。秉持这种理念，并不是为了打击自己的信心，而是告诉自己要保持理智，努力探求事物的真相，避免愚蠢的固执。

固执的人绝不肯承认自己的认知之外还有新的天地，绝不肯承认自己的意见之外还有更正确的意见。他们坚决维护某个观点或主张，尽管这个观点或主张找不到多少事实或理论依据，但他们认为理由已经很充分了。所以，无论在家庭还是在工作单位，经常可以看见"公说公有理，婆说婆有理"式的争吵，双方都不肯承认对方的观点也有可能是对的。因为在他们看来，自己肯定站在正确的一方，对方毫无疑问绝对是错了。

事实上，在无穷无尽的世间万象面前，每一个人都是盲人。就像那个寓言故事中的情况一样：在摸一头大象时，摸到一只耳朵，就说大象是一把蒲扇；摸到一条腿，就说大象是一根柱子。无论说大象是蒲扇或柱子，并非完全错误，但肯定也不是完全正确。有时候，不得不根据有残缺的知识来做一些事情，但绝不可认为这就是真理。比较聪明的方法是听听别人说什么，综合多方面的信息，也许对这头大象的认知会更准确一点。

但是，固执的人总认为真理在手。因为他们确确实实感受到了什么，肯定错不了。这就止步于通向正确的路途中，与真实相距甚远。

行动执拗比言语强硬更危险，因为做比说的风险更大。当人们习惯于坚定捍卫自己认同的一切并身体力行时，就有可能将愚昧当成智慧，做出蠢事来。

索罗斯说："我们对世界的所有认知都有缺陷。因为我们无法透过没有折射作用的棱镜来看待这个世界。"这是一种杰出人士普遍认同的观点。因为信息不足及情绪障碍，会对每一件事产生偏见。所谓真理，只是一个有待探求的目标，人们与真理相距甚远。人类真正能做到的不是得到完全正确的结论，而是如何得到更正确的结论。

杰出人士深明此理。所以从不固执己见。他们随时准备被更正确的观点说服。伟大的发明家爱迪生说："有许多事情，我以为是对的。但是实验之后，我却错了。因此无论对任何事我都没有一种很自信的判定。如果某事临时让我觉得不对，我便可以马上抛弃。"

杰出人士跟普通人一样，也会在每一个问题上发生错误。但他们有勇气随时向正确靠拢，甚至不惜为此蒙受损失。这使他们能避免更大的损失，得到更正确的结果。

为了检验学生自我思考的独立意识，教授说："有两个人从高大的烟囱里掉下去，一个浑身脏兮兮的，一个很干净，谁会去洗澡呢？"

学生回答："很脏的人看着很干净的人会想，我身上一定也是干净的；很干净的人看着很脏的人会想，我身上一定也是很脏的。所以，是很干净的人会去洗澡。"

教授问："那么，两个人后来又掉进高大的烟囱，谁会去洗澡呢？"

学生说："当然是那个很干净的人。"

教授说："你错了。很干净的人在洗澡时，发现自己并不脏；而那个很脏的人则相反。他明白了那位干净的人为什么要去洗澡，所以这次他跑去洗了。"

教授再问："第三次从烟囱掉下去，谁又会去洗澡呢？"

学生说："当然还是那个很脏的人。"

教授说："你又错了。你见过两个人从同一个烟囱掉下去，其中一个很干净，一个很脏吗？"

教授对学生这轮番的提问可能会让学生感到不知所措，但是他告诉学生一个道理，就是独立思考意味着要理性分析，对具体问题要具体看待，对变化了的事物要重新根据变化的情况作出分析，而不是盲从以往的经验。

坚持和放弃，都是竞逐人生的手段。什么时候应该坚持自己的主张，什么时候应该放弃个人意见？这是一道难题。要把握其度，就需要克服情绪作用，审慎考察世态人情，根据具体的需要而定。

委内瑞拉人拉菲尔·杜德拉正是凭借这种灵活变通而发家致富的。在不到20年的时间里，他就建立了投资额达10亿美元的事业。

20世纪60年代中期，杜德拉在委内瑞拉的首都拥有一家很小的玻璃制造公司。可是，他并不满足于干这个行当。他学过石油工程，认为石油是个赚大钱和更能施展自己才干的行业，一心想跻身于石油界。

有一天，他从朋友那里得到一个信息，说阿根廷打算从国际市场上采购价值2000万美元的丁烷气。得此信息，他认为跻身石油界的良机已到，于是立即前往阿根廷，想争取到这笔生意。

去后，他才知道早已有英国皇家石油公司和荷兰壳牌石油公司两个老牌大企业在频繁活动了。这是两家十分难以对付的竞争对手，更何况自己对石油业并不熟悉，资本又不雄厚，要做成这笔生意难度很大。但他并没有就此罢休，决定采取变通的迂回战术。

一天，他从一个朋友那里了解到阿根廷的牛肉过剩，急于找门路出口外销。他灵机一动，觉得幸运之神到来了，这等于给他提供了同那两家石油公司同等竞争的机会，对此他充满了必胜的信心。

他立即去找阿根廷政府。当时,他虽然还没有掌握丁烷气,但确信自己能够弄到。他对阿根廷政府说:"如果你们购买我2000万美元的丁烷气,我便买你2000万美元的牛肉。"当时,阿根廷政府想把牛肉赶紧推销出去,便把购买丁烷气的投标给了杜德拉。

投标争取到后,他立即筹办丁烷气。他随即飞往西班牙。当时,西班牙有一家大船厂,由于缺少订货而濒临倒闭。西班牙政府对这家船厂的命运十分关切,想挽救这家船厂。

这则消息对杜德拉来说又是一个可以把握的好机会。他便去找西班牙政府商谈,说:"假如你们向我买2000万美元的牛肉,我便向你们的船厂订制一艘价值2000万美元的超级油轮。"

西班牙政府官员对此求之不得,当即拍板成交。杜德拉马上通过西班牙驻阿根廷使馆,与阿根廷政府联络,请阿根廷政府将杜德拉所订购的2000万美元的牛肉直接运到西班牙来。

杜德拉把2000万美元的牛肉转销出去之后,继续寻找丁烷气。他到了美国费城,找到太阳石油公司,说:"如果你们能出2000万美元租用我这艘油轮,我就向你们购买2000万美元的丁烷气。"

太阳石油公司接受了杜德拉的建议。从此,他便打进了石油业,实现了跻身石油界的愿望。经过苦心经营,他也终于成为委内瑞拉石油界的巨子。

杜德拉是具有大智慧、大胆魄的商业奇才。这样的人能够在困境中变通地寻找方法、创造机会,将难题转化为有利的条件,创造更多可以脱颖而出的资源。

哈佛人认为,固执的人出于庸俗、无知、喜好虚荣而舍弃真理,偏爱理由而忽略功效。杰出人士或由于预见到事物的变化规律,或由于事后修正自己的立场,总是与真理结盟,不与偏激为友。这种理智总是帮助他们在竞争中获胜。

第九课

你所做的每一件事情，都会成为你的名片

在哈佛，许多事业有成的人在小学徒或小职员时代就能以最高的热忱和耐心去面对上司给予他们的小工作，这是非常普通的事实。你不可能用数量来衡量工作的大小，大事往往在小事之中。

岂有付出没有回报之理

人生的每一分努力都是有意义的，多一分努力就多一分收获，这是永恒不变的。人生没有空手套白狼的传奇，也没有天上掉馅饼的奇迹发生，只有用真实的劳动去获取每一分收获。

——哈佛箴言

任何的成功都是付出了艰辛的努力才得来的。如同水稻种植一样，没有当初的播种就没有嫩嫩的禾苗长成，没有辛勤的努力就没有成熟的稻谷。没有勤快的家务习惯，稻谷就不会变成米饭。一连串的物质变化，都是跟勤劳成正比的。所以，一分耕耘，一分收获，用在这里最切合实际了。

早晨，当别人还在睡懒觉时，他在跑步，为一天的工作能有充沛的精力作准备；晚上，当别人在闲聊时，他在看书；星期天，当别人出去游玩时，他在学习；工作中，别人都敷衍了事，他却事事认真。几年后，当他的同班同学都还是一个普通的会计员的时候，他已经是一个公司的财务总监了。当别人问他："你是怎么做到的？"他说："很简单，每天多做一些。"

每天多做一些，每天就向前迈进一步，人生的差别就是在这一点。如果你每天比别人多做一些，几年之后，你就会将别人远远地甩在身后。

南澳大利亚的沙漠中生存着一种矮胖的蜥蜴。这种蜥蜴行动迅捷，在沙漠中来去如风，许多捕食者都拿它们没有办法。

但是，每年的七八月份，这些蜥蜴竟一反常态，行动迟缓得如同乌龟。这种现象引起了研究人员的兴趣。他们捕捉了一只蜥蜴并对之进行CT扫描，结果发现这只蜥蜴正在妊娠状态中。但令人吃惊的是，蜥蜴腹中胎儿的重量竟达到了母体重量的1/3。如此推算，这相当于人类一个妇女要生出一个七八岁大的儿童。

并且，这个生长中的巨形胎儿位于蜥蜴母亲的肺部和消化道之上。由于坚硬的鳞片覆盖了蜥蜴的大部分身体，所以它的腹部是无法变大的。这样，在巨形胎儿的挤压下，蜥蜴母亲的肺部几乎全部萎缩，食道也变得狭窄异常。在妊娠后期，是这些蜥蜴母亲最痛苦的时刻，因挤压而产生的憋闷使它们无法正常呼吸、正常活动，也无法吃下太多的食物。窒息和饥饿会让这些蜥蜴母亲苦不堪言，一向行动迅捷的它们也只能艰难地拖着自己的身体缓慢活动。

伴随着痛苦的还有灾难，由于爬得不快，沙漠中的响尾蛇、沙狐等各种动物很轻松就能捕获它们，很多蜥蜴母亲在此时成为天敌的美餐。

在经历巨大的痛苦和劫难之后，蜥蜴母亲终于苦尽甘来，在沙漠中产下自己的幼崽，而小蜥蜴因为身形庞大，在出生后马上就可以离开母亲，具备逃避天敌、独立生存的能力。

从蜥蜴的繁衍群体来看，蜥蜴母亲被天敌捕食的概率达到了1/3，但是新生蜥蜴的成活率可以达到100%，这创造了动物繁衍成活率的世界之最。

自然界的法则大体是公平的，没有努力就没有收获，付出和回报永远都是成正比的。收获丰厚成果的前提，必须是努力地付出。

懒惰是世界上最大的浪费。人懒事事难，人勤事事易。从来没有懒惰闲散、好逸恶劳的人曾经取得多大的成就。只有那些在达到目标过程中面对阻碍全力拼搏的人，才有可能达到成功的巅峰，才有可能走到时代的前列。

绝大多数胸无大志的人之所以失败，是因为他们太懒惰了，因而根本不可能取得成功。他们不愿意从事含辛茹苦地工作，不愿意付出代价，不愿意付出必要的努力。身体上的懒惰懈怠、精神上的彷徨冷漠、对一切就都放任自流的倾向、总想一劳永逸的心理，所有这一切就是使那么多人默默无闻、无所成就的重要原因。

有一天，尼尔去拜访毕业多年未见的老师。老师见了尼尔很高兴，就询问他的近况。

这一问，引发了尼尔一肚子的委屈。尼尔说："我对现在做的工作一点都不喜欢，和我学的专业也不相符，整天无所事事，工资也很低，只能维持基本的生活。"

老师吃惊地问："你的工资如此低，怎么还无所事事呢？"

"我没有什么事情可做，又找不到更好的发展机会。"尼尔无可奈何地说。

"其实并没有人束缚你，你不过是被自己的思想抑制住了。明明知道自己不适合现在的位置，为什么不去再多学习其他的知识，找机会自己跳出去呢？"老师劝告尼尔。

尼尔沉默了一会儿说："我运气不好，什么样的好运都不会降临到我头上的。"

"你天天在梦想好运，却不知道机遇都被那些勤奋和跑在最前面的人抢走了。你永远躲在阴影里走不出来，哪里还会有什么好运？"老师郑重其事地说，"一个不肯付出努力的人，永远不会得到成功的机会。"

勤奋是成就美好未来的色彩，一个没有勤奋过的人生是黯淡的，没有任何进步。而一个有冲劲、有进步的人生,都是在勤奋的驱使下进行的。所以,勤奋可以给你带来人生的色彩,让你更加丰富。

哈佛大学一直教导学生:"当你懒惰的时候,你是否想过,你已经在失败的边缘了。"那些从来不尝试着接受挑战、不愿去从事繁重工作的人,是永远不可能有太大成就的。

徐海大学刚毕业,在一家大企业当销售员。他没有多少工作经验,再加上沉默寡言,不会虚伪奉承,同事和领导都不太注意他。

这天,他早早就上班了,因为公司最近引进了一批新产品,每个人都分配了好多工作。徐海到了一会儿,同事们都来了,都在议论老板太抠门了,这么多工作却不增加人手,每天累得他们够呛。

正说着,领导又开始派活了:"小刘,开发区那个公司,你今天要去跟进一下,争取把这个单子拿下来。"

"经理,昨天你交代我的活还没干完呢。"小刘委屈地说。

"那好吧,小张,你去。"

"经理,我今天要去两个地方,你说的那个地方太远了,我根本来不及。这样吧,你让徐海去吧。"小张打着哈哈。

"徐海,你去,怎么样?"

"好的,没问题,保证完成任务。"徐海乐呵呵地答应了,同事偷偷地嘲笑道:"傻瓜。"

徐海一天跑了几个公司,每个都不顺路,夏天炎热的阳光使他全身都湿透了。虽然很累,但徐海心里很高兴,因为今天收获不小。

公司的领导也注意到了这个小伙子,勤快,工作不挑不拣,努力向上,总是积极主动地揽活。领导就暗自地多给他点机会。

两年后,徐海的工作业绩在公司遥遥领先,被提拔为部门经理,以前嘲笑他的同事都成了他的下属。

可想而知，想要成就一番事业，那要付出多少努力才能实现。孜孜不倦地勤奋学习、工作，慢慢地成就你的梦想。因为随着时间的积累，勤奋会带给你更多的收获。在无数次收获之后，你会发觉，勤奋的力量是多么伟大。

在心底种下一粒勤奋的种子，这粒种子的"营养土"来源于事业的努力和知识的渴望。只要你有了足够的渴望，并付诸积极地行动，就能取得成功。

水都可以穿石，你还怕什么

只有比别人更勤奋，才能尝到成功的滋味。

——哈佛箴言

著名数学家华罗庚说过："勤能补拙是良训，一分辛苦一分才。"通往成功的路虽然有很多条，但每条路上都会遇到相同的困难：曲折和坎坷。不管智商多高的人，也只有"勤奋"这一条路径，"勤奋是金"是获得成功的不二法门。

随着社会的发展，越来越多的人开始浮躁起来。期望不付出任何代价就能获得成功，有这种投机取巧想法的人显然无法实现自己的心愿，因为如果没有勤奋作为基础，成功只能纸上谈兵。

很久以前，有一个叫汉克的年轻人，一心想要成为一个百万富翁。他觉得成为百万富翁的捷径便是学会炼金术。

因此,他把自己所有的时间、金钱和精力都花在寻找炼金术这件事情上。很快,他就花光了自己的全部积蓄,家中也因此变得一贫如洗,连饭都没得吃了。妻子无奈,只好跑到父亲那里诉苦。她父亲决定帮助女婿改掉恶习。

于是,他叫来汉克,并对他说:"我已经掌握了炼金之术,只是现在还缺少一样关键的东西。"

"快告诉我还缺少什么?"汉克急切地问道。

"好吧,我可以让你知道这个秘密,我需要三千克香蕉叶的白色绒毛。这些绒毛必须是你自己种的香蕉树上的。等到收齐后,我便告诉你炼金的方法。"岳父说。

汉克回到家后立刻将荒废多年的田地种上了香蕉。为了尽快凑齐绒毛,他还开垦了大量的荒地。当香蕉成熟后,他便小心翼翼地从每张香蕉叶上收取白绒毛。他的妻子把一串串香蕉到市场上去卖。就这样,10年过去了,汉克终于收齐了三千克绒毛。这天,他一脸兴奋地拿着绒毛来到岳父的家里,向岳父讨要炼金术。

岳父指着院中一间房子说:"现在你把那边的房门打开看看。"

汉克打开了那扇门,立即看到满屋金光,竟全是黄金,他的妻子站在屋中。妻子告诉他,这些金子都是他这10年里所种的香蕉换来的。面对满屋的黄金,汉克恍然大悟。

这个道理和滴水穿石的道理是一样的。人们经常在屋檐下的石阶上看见一行小坑,这些小坑不是人为凿出来的,而是屋檐上的水滴下来,总是滴落在同一个地方,长年累月形成的。这种现象在心理学上称为"滴水效应",意思就是,只要一心一意地做事,持之以恒而不半途而废,就一定能够达成愿望。

哈佛大学的学子深知这样的理念,成功没有秘诀,也没有捷径,只有脚踏实地,靠自己的双手辛勤劳动,才能够为自己赢得成功。

雷石东小的时候在拼写方面表现出过人的天赋:别人随口说出一个单词,他都可以拼写出来。母亲为此很欣喜,并安排他参加全国拼词大赛。雷石东没有辜负母亲的一番苦心,一路拼写着那些复杂而生僻的单词,过关斩将杀至决赛。

在决赛前夕,雷石东想自己一定可以夺得美国最优秀的单词拼写者的奖牌,他甚至开始想象自己站在考官和一大群欢呼的观众面前的情景。然而,到考试那天,考官让他拼写Tuberculosis(肺结核)这个词,他头脑一热,脱口而出"t—u—b—e—r—c—u—s—i—s"。他漏掉了两个字母。正是这一个小小的失误,使他最终被淘汰出局。

满怀期待后的梦想破灭深深地刻在母亲脸上,母亲的泪水夺眶而出,这幕情景也深深烙在雷石东的脑海里。从这时开始,懵懂的他暗暗下决心,一定要好好努力,争取以后不再让母亲失望。

从此,学习几乎成了他的全部生活。每天早上,自打从床上爬起来的那一刻开始,他就像进入了激烈的战场。除了学习,他几乎再没有其他的活动。正所谓"天道酬勤",在波士顿拉丁学校毕业典礼上,雷石东以该校成立以来最高的平均分毕业,被授予现代拉丁文奖、古典拉丁文奖和本杰明·富兰克林奖,并且获得了前往哈佛大学深造的奖学金。从哈佛毕业后,雷石东依然时刻不忘奋发进取。50年间,雷石东从一个机车影院的老板,成为一个年收入达246亿美元的传媒帝国的领袖。

曾有记者问李嘉诚的成功秘诀。李嘉诚没有直接回答他,而是讲了这样一个故事。

日本"推销之神"原一平在69岁时的一次演讲会上，当有人问他的成功秘诀时，他当场脱掉鞋袜，将提问者请上台，说："请您摸摸我的脚板。"

提问者摸了摸，十分惊讶地说："您脚底的老茧好厚呀。"原一平说："是啊，这就是我成功的秘诀。走的路比别人多，跑得比别人勤。"

讲完故事，李嘉诚微笑着说："我没有资格让你来摸我的脚板，但可以告诉你，我的脚底的老茧也很厚。"

不仅李嘉诚，任何一个人，他的成功都不可能完全抛开"勤奋"二字，任何一种解除的成就必然与懒惰者无缘。有人曾这样说：世界上能登上金字塔的生物有两种："一种是鹰，一种是蜗牛。"前者是从小经过勤奋的练习，从而掌握飞翔的技能；而后者，在外形和能力上与前者有着天壤之别，却能够达到同样的成就，秘诀只有两个字：勤奋。

并不是每个人都拥有异于常人的智能和技能，但是，每个人都可以做到勤奋。拥有了勤奋，就拥有了一生的财富。即使是一个智力一般的人，只要勤奋努力，也能弥补自身的缺陷，成为一名成功者。《射雕英雄传》里的郭靖就是一个很典型的例子。先天愚笨的他，凭借勤奋最终在华山论剑中获胜。可能有人说他凭借的是运气，但是在他还没有离开大漠的时候，他射箭的精准几乎没有人能够比得上，而这种精准完全来自于他的勤奋训练，与运气没有任何关系。

哈佛大学认为，勤奋刻苦是一所高贵的学校，所有想成功的人都必须进入其中，在那里可以学到有用的知识、独立的精神和坚韧不拔的品质。

贪图安逸使人堕落，无所事事令人退化，只有勤奋工作才是高尚的，给人带来真正的幸福和快乐。

不想被淘汰就不断学习

如果一个人不能持续地学习，就会被社会所淘汰。只有随时随地地补充能量，拥有一种积极的学习心态才能够充满自信。

——哈佛箴言

大多数人都认为，从哈佛大学毕业的学生，人人都是饱学之士，他们的知识和能力已经足以让他们应对某个行业的需求。但是，哈佛学子从来不这样认为。在他们看来，在学校里学到的东西是十分有限的，在工作和生活中所需要的相当多的知识和技能，完全要靠他们在实践中一边学习一边摸索。与学校相比，社会是一本更加博大精深的书，需要经常不断地去翻阅。

在这个变化越来越快的现代社会，每个人现有的知识和技能很容易过时，只有不断地学习，才不会被淘汰。德国设计中心主席彼得·扎克说："在人生的这场游戏中，你要拥有生活和学习的热情，吸收能够使自己继续成长的东西来充实你的头脑。"如果一个人不能持续地学习，就会被社会所淘汰。只有随时随地地补充能量，拥有一种积极的学习心态才能够充满自信。

这是美国东部一所规模很大的大学毕业考试的最后一天。在一座教学楼前的阶梯上，有一群机械系大四学生挤在一起，正在讨论几分钟后就要开始的考试。他们的脸上显示出很有信心，这是最后一场考试，接着就是毕业典礼和找工作了。

有几个人说他们已经找到工作了，其他的人则在讨论他们想得到的工作。怀着对四年大学教育的肯定，他们觉得心理上早有准备，能征服外面的世界。

即将进行的考试他们知道只是轻松的事情。教授说他们可带需要的教科书、参考书和笔记，只是考试时不能彼此交头接耳。

他们喜气洋洋地走进教室。教授把考卷发下去，学生都眉开眼笑，因为学生们注意到只有五个论述题。

三个小时过去了，教授开始收集考卷。学生似乎不再有信心，他们脸上皱起微微紧蹙的眉头。没有一个说话，教授手里拿着考卷，面对着全班学生。教授端详着面前学生们担忧的脸，问道："有几个人把五个问题全答完了？"

没有人举手。

"有几个答完了四个？"

仍旧没有人举手。

"三个，两个？"

学生在座位上不安起来。

"那么一个呢，一定有人做完了一个吧？"

全班学生仍保持沉默。

教授放下手中的考卷说："这正是我预期的。我只是要加深你们的印象。即使你们已完成四年的工程教育，但仍旧有许多有关工程的问题是你们不知道的。这些你们不能回答的问题在日常操作中是非常普遍的。"

教授带着微笑说下去："这个科目你们都会及格。但要记住，虽然你们是大学毕业生，但你们的学习才刚开始。"

只有不断学习的人才不会被社会淘汰，也只有随时随地对生活抱着一种学习心态的人，才能超越年龄上的障碍，战胜生理上的老化，使心态保持年轻，让自己充满活力。

在这个不断变化的现代社会，在充满竞争的职场上，学习能力将会成为成就一个人的重要条件。学无止境，向身边的人学习更是终身的职责。

麦克和约翰都是一所医学院的学生。毕业时，麦克选择了一家省城医院，约翰则选择了一家市医院。他们为自己的选择作出了充分的解释。

麦克说："省城医院专家教授多，接触的病人也多，在那里一定能得到很大的锻炼，有所成就。"

约翰说："省城医院人才济济，我们只不过是普通医学院的毕业生，去了还不是做些跑腿、打杂的工作，能有什么发展前途？市医院福利待遇也不低，而且很看重我们这些刚毕业的学生，在那里才有前途。"

10年过去了，麦克成为省内专家，约翰到省城进修，正是跟随麦克学习。昔日同学，今朝师徒，令人尴尬。麦克请约翰出去吃饭，两人边吃边聊，约翰不解地问："当年省城医院分去那么多学生，都是非常优异的人才，你成绩并不突出，究竟怎么取得今天成绩的？"

麦克想了想，拿起身边的茶水洒到桌子上说："同样是一杯水，洒到桌子上很快就干了，而盛在杯子里就永远留有机会。我来到省城医院，一开始，确实像你说的，不受人重视，天天跟着专家写写记录、查查房。有些一起来的学生，觉得做这些事没有用处，开始敷衍了事。可我不这样想，我认为天天跟专家在一起，即便再笨，耳濡目染也会受到影响、有进步。就这样，一天天过去了，我就取得了今天的成绩。"

约翰仔细听着，他若有所思地说："说得好，你从与你竞争的对手身上看到了成功的道路，学到了成功的秘籍。当年，你从我的选择上看到了我的缺点，作出了正确的选择。工作后，你从那些懒惰的人身上看到了失败的影子，学习到了工作的方法，这比学习专业知识还要重要。而我，贪图享受,惧怕竞争,更不懂得随时随地向他人学习,学习他人的优点,总结他人的弱点。说到底,缺少学习能力,才导致今日结果。"

麦克听了,笑着说:"竞争不会结束,我们可以开始新一轮比赛。"

此后,约翰虚心向麦克学习,包括医学知识,也包括不懈追求、勇于向竞争对手学习的精神,经过多年努力,约翰在当地也成为一位赫赫有名的医生。

哈佛大学认为,在充满竞争的环境里,学习是没有止境的。如果你不能及时学习,把握良机,就会被社会淘汰。

瓦尔特·司各脱爵士曾经说:"每个人所受教育的精华部分,就是他自己教给自己的东西。"由此可知,学习带给人的财富是无法估量的。尤其是当在当今的这个时代,新技术、新产品和新服务项目层出不穷,工作对人的要求随着技术的进步也在不断地产生变化,标准的提高拉大了技术发展的要求与人们实际的工作能力之间的差距。于是,出现了这样一种奇怪的现象:一方面,失业人口持续上升;另一方面,各种人才越来越少。随着知识经济时代的到来,企业对员工不再只是数量的需求,更重要的是对其质量有了更高的要求。

所以,只有抱着不断学习的心态的人,才能够永远保持积极乐观的态度,永远走在时代的前端,尽全力去符合社会的需要。

努力比天赋更重要

做人就像培植花木一样，与其把所有的精力消耗在许多毫无意义的事情上，还不如集中所有的精力，埋头苦干，全力以赴，这样才容易达到生活的顶峰。

——哈佛箴言

越来越多的人认为"努力比天赋更重要"，这一思想对很多生活中对自身条件遗憾的人很有启示作用。

当康多莉扎·赖斯上中学时，人们告诉她，考试成绩表明她求学不会有什么前程。但她不信这一套，以祖父和外祖父为榜样来激励自己（他们一人同时干三种工作来养家，另一人克服重重困难于1920年完成大学学业），全身心地投入学业之中，结果，她15岁就考进丹佛大学，19岁以优异成绩毕业并荣幸地进入BK联谊会（美国大学优秀生和毕业生荣誉组织）。赖斯成为斯坦福大学有史以来最年轻的教务长，并是担任这种权威职位的第一位女性和第一位非洲裔美国人。

是什么因素使这两个不同类型的人攀上高峰呢？施瓦辛格在一次接受电视采访时言简意赅地说："勤奋，勤奋！外加不断自我要求和积极的思维。"

在任何领域奋斗，抱负和动力都不可少。不过，达到顶峰并不一定是天资最佳的人，而是勤奋的少数人。他们工作努力，并且不断对自己提出更高的要求。

爱尔兰有位作家叫布朗，一生下来就患瘫痪症，到5岁时还不能走路、不会说话，头部、身体、双手和右脚都不能动弹。

某一天，他妹妹用粉笔写字，他从中受到启发，伸出左脚将粉笔夹住，在地上勾画起来。一年后，他学会写26个英文字母。从此，母亲教他读书认字。后来，他以坚强的毅力学会了用左脚打字、画画，并开始作文和写诗。他把打字机放在地上，用左脚打字、上纸、下纸和整理稿纸。每打一张不知要消耗多少精力和时间。21岁时终于出版了第一部自传体小说《我的左脚》，16年后又出版了另一部小说《生不逢时》，成为国际畅销书，15个国家出版了他的著作，他的作品还被改编成了电影。他在48年的短暂生涯中，以惊人的毅力创作了5部长篇和3部诗集，这些都是用一只左脚趾打成的。

布朗这位令人感动的作家算是真正找到自己，发挥了自己仅能动的一只脚的优势，从而铸就了人生的辉煌。

面对残疾，有的人被打垮，自暴自弃，注定是悲惨的一生；有的人却自强不息，积极深入了解自己的长处和短处，扬长避短、勤奋努力，克服重重障碍，为自己创造辉煌的人生。

一个人的进取与成材，环境、机遇、天赋、学识等外部因素固然重要，但更重要的是依赖于自身的勤奋与努力。被誉为"钢铁大王"的安德鲁·卡内基，就是凭借勤奋努力出人头地的楷模。

为了给父母分忧，安德鲁·卡内基在10岁的时候进了一家纺织厂当童工，周薪只有1.2美元。后来，他又干起了挣钱稍多一点的工作："烧锅炉和在油地里浸纱管"。油池里的气味令人作呕,灼热的锅炉使他汗流浃背,但卡内基还是咬着牙坚持干下去。当然,他并不甘心如此潦倒一生,而是奋发图强,积极进取。

卡内基在白天劳累一天后,晚上还参加夜校学习,课程是复式记账法会计,每周3次。这段时期他所学的复式会计知识,成了他后来建立巨大的钢铁王国并使之立于不败之地的法宝。

1849年冬天的一个晚上,卡内基上完课回家,得知姨夫传话来,匹兹堡市的大卫电报公司需要一个送电报的信差。他立刻意识到,机会来了。

第二天一早,卡内基穿上崭新的衣服和皮鞋,与父亲一起来到电报公司门前。他突然停下脚步对父亲说:"我想一个人单独进去面试,爸爸你就在外面等我吧。"原来,他担心自己与父亲并排面谈时,会显得个子矮小;又怕父亲讲话不得体,会冲撞了大卫先生,从而失去这个难得的机会。

于是,他单独一人上到二楼面试。大卫先生打量了一番这个又矮又小、高鼻梁的苏格兰少年,问道:"匹兹堡市区的街道,你熟悉吗?"

卡内基语气坚定地回答:"不熟,但我保证在一个星期内熟悉匹兹堡的全部街道。"他顿了顿,又补充道:"我个子虽小,但比别人跑得快,这一点请您放心。"

大卫先生满意地笑了:"周薪2.5美元,从现在起就开始上班吧。"

就这样,卡内基谋得这个差事,迈出了人生的第一步。这时,他年仅14岁。

在短短一星期内,身着绿色制服的卡内基实现了面试时许下的诺言,熟悉了匹兹堡的大街小巷。两星期之后,他连郊区路径也了如指掌。他个头小,但腿很勤,很快在公司上下获得一致好评。一年后,他已升为管理信差的负责人。

卡内基每天都提早一小时到达公司,打扫完房间后,他就悄悄跑到电报房学习打电报。他非常珍惜这个秘密的学习机会,日复一日地坚持着,很快就熟练掌握了收发电报的技术。后来，他被提升，成了电报公司里首屈一指的优秀电报员。

当年的匹兹堡不仅是美国的交通枢纽，而且是物资集散中心和工业中心。电报作为先进的通信工具，在这座实业家云集的城市起着极其重要的作用。通过努力，卡内基熟悉了每一家公司的名称和特点，了解各公司间的经济关系及业务往来。日积月累之中，他熟读了这无形的"商业百科全书"，使他在日后的事业中获益匪浅。因此，卡内基在回顾这段时期时，称之为"爬上人生阶梯的第一步"。

成大事者的人，必须勤奋地去劳动，天下无不劳而获的成功。只有勤奋努力，比别人付出更多，才能够充分把握事业上的机会，在各方面取得辉煌的成就，进而赢得精彩的人生。

以退为进，凡事适可而止

当你前进却受阻时，不妨先暂时地退让一下。有时候，在退让之间就能够把你对他人的尊重显示出来，从而获得对方的好感，进而赢得对方的信任。

——哈佛箴言

老子曾经说过："夫唯不争，故天下莫能与之争。"意思是，正是因为你不与人相争，所以天下才没人能够与你相争。

其实,如果每一个人在日常的生活与工作中都能够低调一点,以平常心来看待周围的人和事,就不会被利益所驱使,就能够坦然地面对生活中的一切。特别是当你与同事为了某个职位或奖金而处于激烈竞争之时,只要你尽自己的努力,全力以赴,不论输赢如何,都应该接受现状,适可而止。即便输了,你也要输得体面,输得有风度,切不可因此而气恼,无端地散布风言风语去贬低与你竞争的同事。这样会使人看不起你,你也会因此而孤立。

身在职场,常会有不如人意的时候,问题的关键在于,你该如何去面对困难和不顺。当事情的结果并不是人力所能够改变的时候,你不如选择接受现实。与其怨天尤人、徒增苦恼,倒不如适可而止、以退为进,从既有的条件中尽自己的力量和智慧去发掘机会。

即使是对于有大志向的人来说,低调做人也并不是苟且偷生;相反,凡事适可而止、以退为进,是一种低调做人的智慧,是一种人生的策略。

在实际的工作之中,经常会有与别人意见不一致的时候。如果你始终都坚持己见,过分地强调自己的正确性,坚持自己的想法,并不一定就能够说服别人赞同你的看法或意见;相反,如果你在坚持自己的意见上适可而止,采取一种"退"的策略,反而会更容易获取对方的信任,达到说服他人的目的。

在职场中,当你的意见正确却无法得到别人的认同时,以退为进地去说服别人,的确能起到很好的效果,因为这种方法刚开始就很容易被人接受。所以,用这种方法说服别人的话,通常都能够取得预想的效果。

富兰克林就曾经用以退为进的方法使得宪法会议产生分歧的双方达成了一致的意见。

有一次,美国的宪法会议在费城举行。会议中,对于宪法草案的意见分为了赞成派和反对派,两派人员之间讨论得非常激烈。由于会议的出席者在一些方面的差异很大，利害关系也各不相同，所以整个会议的讨论充满着火药味和互不信任的气氛。两派人员之间的言辞都非常尖锐和刻薄，甚至夹带着人身攻击。

在这样一种情况之下，会议的谈判面临着即将破裂的局面。这个时候，持赞成意见的富兰克林适时地站了出来，他不慌不忙地对在场的所有人员说："事实上，我对这个草案也并非完全赞成。"富兰克林的话刚一出口，会议纷乱的情形就立即停止了，反对派人士都用怀疑的眼光看着富兰克林。这时，富兰克林稍作了一下停顿，然后继续说道："对于这个宪法草案，我并没有十足的信心。出席本会议的各位代表，也许对于细则还有一些异议。不瞒各位，我此时也和你们一样，对这个宪法草案是否正确抱有一种怀疑的态度，我就是在这种心境下来签署宪法草案的。"

富兰克林的话，使得反对派们无比激动和不信任的态度慢慢地平静了下来，在他们的心里已然同意了富兰克林的看法——就让时间来验证一下这部宪法是否正确吧。于是，这部宪法草案终于顺利地通过了。

试想，如果富兰克林始终坚持自己强硬的态度赞同宪法草案的话，必然会使双方的争吵愈演愈烈，最后必然会导致会议的失败。宪法草案之所以能够顺利地获得通过，就在于富兰克林能够对于自己赞同的态度适可而止，以退为进，放弃了自己的坚持，才促成了宪法草案的通过，达到了自己的目的。

对于同一件事情，如果一味地强调好的一面，就会让对方对你所说的话产生怀疑，就会有不信任的潜在心理。如果这个时候能够借鉴一下人类潜在的别扭心态，采取一种以退为进的方法，你就会获得对方的信任，从而达到自己的目的。正是因为富兰克林巧妙地利用了这个技巧，一开始讲了一些对自己不利但对方能够接受的话，反而使对方产生了信任感，顺势也就收获了成功。

职场中,如果你的方法或观点得不到别人认可的话,就很难再合作下去。为了圆满地完成工作,必须要能够劝说抱有成见的人跟你达成一致的意见,这就需要你掌握进退的分寸。记住,凡事一定要适可而止。

就在达尔文《物种起源》一书出版之前,他接到好朋友华莱士的来信,请他为自己写的文稿作个审定。达尔文在看了华莱士的稿子后感到异常为难,因为这个文稿的研究结论与《物种起源》一书中的内容太过接近。这么多年的朋友了,无论这两部稿子谁先发表都会对另一个人造成心理伤害。面对多年的友谊与倾注了自己二十多年心血的稿子,达尔文犹豫了。于是就有人劝达尔文,赶紧把自己的书出了。但达尔文最终还是选择了友谊,他决定把自己的书稿销毁。华莱士知道后很受感动,他坚决地制止了达尔文毁书的行为。此事传出之后,人们在称赞华莱士大度的同时,越来越多的人都知道了达尔文和他的《物种起源》。

在职场中,如果你总觉得自己有理,别人说你一句,你回别人十句,只会使矛盾越来越激化,反而会让你失去更多;相反,当你在争吵中或在竞争中选择退一步时,却会有意想不到的收获。

卫星要上天,马桶也不能漏水

不要惊讶一个人对你的肯定和信任,那都是你自己用认真和努力争取来的。更不要埋怨别人用一件事否定你,只怪你给了别人否定你的机会。

——哈佛箴言

你对生活认真,生活也一定会馈赠你想要的一切。

有位女大学生毕业后到一家公司上班,只被安排做一些非常琐碎而单调的工作,比如早上打扫卫生、中午预订盒饭。一段时间后,女大学生便辞职不干了。她认为自己不应该蜷缩在"厨房"里,而应该上得"厅堂"。

可是一屋不扫,何以扫天下。一个普通的职员,即使有很好的见解,也要受一段不短时间的煎熬,最重要的是要努力做出能让别人倾听到自己意见的资格和成绩,在别人眼里才能举足轻重,不易被人忽视。

因此,从小事做起的工作,年轻时就应努力去做好。

曾有一位人事部经理感叹道:"每次招聘员工,总会碰到这样的情形:大学生与大专生、中专生相比,我们也认为大学生的素质一般比后者高。可是,有的大学生自诩为天之骄子,到了公司就想唱主角,强调待遇。别说挑大梁,真正找件具体工作让他独立完成,却往往拖泥带水、漏洞百出,本事不大,心却不小,还瞧不起别人。大事做不来,安排他做小事,他又觉得委屈,怨声载道。我们招人来是工作、做事的,不成事,只要那大学生的牌子干吗?所以有时候,大学生、大专生、中专生相比之下,大专生、中专生反而更实际,更有用。"

现在,社会上有的企业急用人才,而有的大学生被拒之于门外,不受欢迎,不被接纳。对此现象,该人事部经理算是道出了其中缘由。

人生价值真正的伟大在于平凡,真正的崇高在于普通、平凡,最普通却是最伟大、最崇高的。从普通中显示特殊,从平凡中显示伟大,这才是做人做事之道。

小事,普通人都不愿意做。但成功者与碌碌无为者最大的区别就是前者愿意做后者不愿意做的事情。普通人都不愿意付出这样的努力,可是成功者愿意,因此他获得了成功。

每一件别人不愿意做的小事,你都愿意多做一点,你的成功率一定会不断提高。别人不愿意端茶倒水,你更要端出水平;别人不愿意洗刷马桶,你更要刷得明亮;别人不愿意操练,你更要加强自我操练;别人不愿意做准备,你更要多做准备;别人不愿意付出,你更要多付出。同事不愿做的事情,你愿意去做;别人不想做的事,你愿意去做。只要你能做别人不愿意做的事情,只要你能做别人不想做的事情,你就可以成功。

因此,成功最重要的秘诀,就是去做别人不愿意做的小事。

做事不可以被大小限制、被时间限制、被空间限制。人生三不朽曰:"立德、立功、立言。"因而,需要具有超越自我、超越时空的观念,跳出大大小小的圈子,成就最普通而又最特殊,最平凡而又最高尚,最渺小而又最伟大的事业。

一个矿泉水瓶盖有几个齿?人们经常喝矿泉水,但不会在意矿泉水瓶盖上会有几个齿。

一家电视台做了一期人物访谈,嘉宾是宗庆后。知道宗庆后的人很多,但几乎没有人没有喝过他的产品——娃哈哈。这个42岁才开始创业的杭州人,曾经做过15年的农场农民,插过秧、晒过盐、采过茶、烧过砖、蹬着三轮车卖过冰棒。在短短20年时间里,他创造了一个贸易奇迹,将一个连他在内只有三名员工的校办企业打造成了中国饮料业的巨无霸。

在问了若干个大家感兴趣的题目后,主持人忽然从身后拿出了一瓶普通的娃哈哈矿泉水,考了宗庆后三个题目。

第一个题目:"这瓶娃哈哈矿泉水的瓶口有几圈螺纹?"

"4圈。"宗庆后想都没想，回答道。主持人数了数，果然是四圈。

第二个题目："矿泉水的瓶身有几道螺纹？"

"8道。"宗庆后还是不假思考地一口答出。主持人数了数，只有6道啊。宗庆后笑着告诉她，上面还有2道。

两个题目都没有难倒宗庆后，主持人不甘心。她拧开矿泉水瓶，看着手中的瓶盖，沉吟了片刻，提了第三个题目："你能告诉我们，这个瓶盖上有几个齿吗？"

观众都诧异地看着主持人，不知道她葫芦里卖的是什么药。很多人赶到电视录制现场，就是为了一睹传奇人物的风采，有的人还预备了很多题目，向宗庆后现场讨教。可是，主持人竟花费宝贵的时间来问这样一个无聊题目。

宗庆后微笑地看着主持人，说："你观察得很仔细，题目很刁钻。我告诉你，一个普通的矿泉水瓶盖上一般有18个齿。"

主持人不相信地瞪大了眼睛："这个你也知道？我来数数。"主持人数了一遍，真是18个。又数了一遍，还是18个。

主持人站起来，作最后的节目总结："关于财富的神话，总是让人充满好奇。一个拥有170多亿元身家的企业家，治理着几十家公司和几万人的团队，开发生产了几十个品种的饮料产品，逐日需要决断处理的事务何其繁杂？可是，他连他的矿泉水瓶盖上有几个齿都了如指掌。也许我们可以从中看到，他是如何一步一步走向成功的。"

在场观众恍然大悟，热烈的掌声久久未停。

不因小而失大，不因少而失多。抛弃大小的竞争，抛弃高下的念头，抛弃富贵的欲望，而一心一意从小事做起，就是洗厕所、扫大街，也会比别人打扫得更干净。

越是那种埋怨自己工作价值渺小的人，真正给他们一份棘手的工作时，他们越是退缩而不敢接受。具有十成力量的人，去做仅仅需要一成力量的工作，其中有生命的意义和悠闲的心情。在长远的人生中，这种生命的意义和悠闲的心情对于人格的形成与扩展，有决定性的帮助。

"我们绝不缺少雄韬伟略的战略家，缺少的是精益求精的执行者，绝不缺少各类管理制度，缺少的是对规章条款不折不扣的执行。卫星要上天，马桶也不能漏水。"一个成功者这么说。

第十课

上苍给了每一个人均等的机会，只要你及时抓住它

哈佛大学认为，成功并非一场竞赛，也不是一座难以逾越的高山。它其实只是每个人生来就有的权利，是生活的本来面目。上苍给了全世界每一个人均等的机会，只要在它来临的时候发现它，并牢牢地抓住，你就不会被梦想抛弃。

你准备好成功来临了吗

时刻准备着，当机会来临时，你就成功了。

——哈佛箴言

从很大程度上来讲，人是机遇的产物。你在评价一个人的能力及他的成就时，不能忽略机遇的重要性。有些时刻比几年都要重要，在时间的重要性和价值之间没有均衡，一个出乎意料的5分钟就可能决定一个人的命运。

但是，人不是靠偶尔撞在树桩上的兔子获得成功的。事实上，通常所说的命运的转折点，只是你之前努力所取得的成绩所汇集形成的机会。勤奋、机遇和成功三者之间的关系是：时刻准备着，当机会来临时，你就成功了。

一个年仅21岁的小画家，怀揣仅有的40美元，从家乡提着装有衬衫、内衣及绘画材料的皮箱来到堪萨斯城。

他经历了多次的失败，几乎一无所有。因无钱交房租，只好借用一家废弃的车库作为画室，每天夜里都会听到老鼠的叫声。

一天，他昏沉沉地抬起头，看见幽暗的灯光下有一双亮晶晶的小眼睛在闪动。他没有捕杀这只小精灵，磨难已使他具有艺术家悲世悯人的情怀。往后的日子里，他与这只小老鼠朝夕相处，经常会在黑暗中你看着我、我看着你。艰难的岁月中，他们仿佛建立了一种默契和友谊。

不久，他离开了堪萨斯城，与好莱坞制作一部卡通片。然而，他设计的卡通形象一一被否决了。他再次品尝了失败的滋味，穷得身无分文。多少个不眠之夜，他在黑暗中苦苦思索，甚至怀疑起自己的天赋。

突然，他想起了那双亮晶晶的小眼睛，灵感像一道电光在黑夜里闪现了："小老鼠，就画那只可爱的小老鼠。"全世界儿童所喜爱的卡通形象"米老鼠"就这样诞生了。

他就是大名鼎鼎的沃尔特·迪斯尼。从此以后，他凭借着自己的才干和灵感，一步步筑起了迪斯尼大厦。

上苍给他的并不多，只给了他一只小老鼠，然而他抓住了。对沃尔特·迪斯尼来说，这只小老鼠价值千万。

机会是可遇而不可求的，只有你平时作了充足的准备，当机会来临时才能够抓住。否则，只能看着机会从你的手中白白溜走。

麦克阿瑟将军曾说："召集军队上战场的军号声对于军人来说，就是一种机会。但是，这嘹亮的军号声绝不会使军人勇敢起来，也不会帮助他们赢得战争，机会还得靠他们自己来把握。"

偶然的机会只会对那些勤奋工作的人有意义。流传甚广的奥尔·布尔的一件逸事能够说明这个道理。

杰出的小提琴家奥尔·布尔，多年来一直坚持不懈地练习拉琴。通过不断地练习，他的技艺早已成熟。但是，他始终默默无闻，不为大众所知。

一次，当这个来自挪威的年轻乐手正在演奏的时候，著名女歌手玛丽·布朗恰巧从窗外经过。奥尔·布尔的演奏使她如醉如痴，她从来没有想到小提琴能够演奏出如此优美动人的音乐，赶紧询问了这个不知名乐手的姓名。

随后不久，在一次影响力极大的演出中，由于玛丽·布朗突然与剧场经理发生了分歧,不得不临时取消了自己的节目。在安排什么人到前台去救场时,玛丽·布朗想到了奥尔·布尔的小提琴演奏。面对聚集起来的大批观众,奥尔·布尔演奏了一个多小时,就是这一个多小时使奥尔·布尔登上了世界音乐殿堂的巅峰。对于奥尔·布尔而言,那一个小时便是机遇,只不过,他早已为此作好了准备。

成功的秘密在于,当机遇来临的时候,你已经作好了把握住它的准备。对于那些懒惰者来说,再好的机遇也是一文不值。对于那些没有做好准备的人来说,再大的机遇,也只会彰显他们的无能和丑陋,使他们变得荒唐可笑。

人们总是喜欢办事认真、不出差错的雇员,没有人希望时时刻刻防备自己的雇员。所以,公司一般会解雇不称职的员工,更不用说要给他们机会了。当一个人撞上了一个好职位的时候,并不仅仅是因为他利用了什么有利的条件,而是因为他已经为得到那份工作做了多年的准备。

每一天,都要尽心尽力地工作;每一件小事情,都要力争高效地完成。尝试着超越自己,努力做一些分外的事情,不是为了看到老板的笑脸,而是为了自身的不断进步。即或是在同一个公司或同一个职位上,机遇没有光临,但在为机会的来临而时时准备的行动中,你的能力已经得到了扩展和加强,已经为未来某一个时间创造出了另一个机遇。

华勒是堪斯亚建筑工程公司的执行副总,几年前,他是作为一名送水工被堪斯亚一支建筑队招聘进来的。

华勒并不像其他送水工那样,把水桶搬进来之后,一面抱怨工资太少,一面坐在墙角抽烟。相反,他热心地给每个工人倒满水,并在工人休息时缠住他们讲解关于建筑的各项工作。很快,这个勤奋好学的人引起了建筑队长的注意。两周后,华勒当上了计时员。

当上计时员的华勒依然勤勤恳恳地工作，他总是早上第一个来，晚上最后一个离开。由于他对所有建筑工作——比如打地基、垒砖、刷泥浆——都非常熟悉，当建筑队的负责人不在时，工人们总喜欢问他。

一次，负责人看到华勒把旧的红色法兰绒撕开包在日光灯上，替代危险警示灯，以解决施工时没有足够红灯的困难，他决定让这个勤恳又能干的年轻人作自己的助理。现在，华勒已经成了公司的副总，但他依然特别专注于工作，勤勤恳恳，任劳任怨。

他时常鼓励大家学习和运用新知识，还常常拟计划、画草图，向大家提出各种好的建议。只要一有时间，他就把客户希望他做的所有事做好。

华勒并没有什么惊世骇俗的才华，他只是一个贫苦的孩子、一个普普通通的送水工，但是他凭着勤奋工作的美德，幸运地被赏识，并一步步成长起来。没有什么比这样的故事更让人心灵震颤了，也没什么比它更能洗涤现代人被享受和功利污染的心灵了。它不是发生在过去，就发生在现在，发生在这个充满了机遇和挑战的竞争时代。

它告诉人们，想要在这个时代脱颖而出，就必须付出比以往任何时代更多的勤奋和努力，拥有积极进取、奋发向上的心。否则，你只能由平凡转为平庸，最后变成一个毫无价值和没有出路的人。

所以，不管你现在所从事的是什么工作，都要牢记："只要你勤勤恳恳地努力工作，机遇总会来临的，成功终会属于你。"

挑战所有的不可能

有的人在"不可能"面前止步，有的人把"不可能"踩在脚下，这就造成了人生两极的差距。

——哈佛箴言

世上只有难办成的事，但绝没有办不成的事。就像哈佛大学所认为的那样，一流商人都相信"世上没有打不开的门"，一流军人都相信"世上没有攻不破的城堡"，一流的政治家都相信"世上没有解决不了的问题"。他们都是敢向"不可能"挑战的人。

李斯·布朗出生在迈阿密附近的一个贫困的家庭中，他还有一对双胞胎兄弟。由于家中负担太重，没多久，李斯·布朗和他的双胞胎兄弟被一个叫玛米·布朗的厨房女工收养。

李斯是一个活泼好动的男孩，虽然口齿不清晰，但总是说个没完。因此，小学和初中，他被安排到为那些有学习障碍的学生所开设的特教班。毕业后，他被安排到迈阿密海滩担任清洁员的工作。虽然有了生活保障，李斯并不知足，他有一个梦想——当一名播音员。

为了实现自己的理想，每到晚上的时候，李斯便会抱着晶体管收音机在床上收听广播。他住的房间不仅小，而且残破不堪，但是他把那里想象成了一个属于他自己的电台。他练习嚼舌根来向虚拟的听众介绍唱片，梳子也被他想象成了麦克风。住在隔壁的母亲和弟弟，每当听从李斯房间里传来的声音时,都会对李斯大吼,叫他停止聒噪,赶快睡觉。但是李斯从来不予理会,每天沉浸在自己编织的播音员的梦中。

有一次,李斯在中午休息的时候,走进当地的电台,找到电台的经理,对他提出自己想要主持音乐节目的愿望。

经理上下打量了下眼前这个头戴斗笠、衣衫褴褛的年轻人,问:"你有主持广播的经验吗?"

"我没有,先生。"

"那我只能说很抱歉,孩子,我们这里没有适合你的工作。"

李斯没有再说什么,只是很有礼貌地向经理道谢,转身离开了。经理只是把这件事当成一个小插曲,但是让经理没有想到的是,接下来整整一个星期的时间,李斯都会到电台去询问有没有适合他的工作。电台经理受不了李斯的软磨硬泡,终于把他安排在电台里当小工,但是不给他任何薪水。最初,李斯只是为那些暂时不能离开录音室的播音员拿咖啡或快餐。过了一段时间,电台中的主持人都被李斯的热情给感染了,也非常信任他,派他开着自己的名车去接送当时知名的合唱团,来电台录制节目。

在工作期间,李斯毫无怨言地接受给他的任何工作。在这期间,他还注意播音员们在控制板上的各种专业手势。在控制室中,李斯尽可能多地吸收他有机会看到的一切,直到播音员让他离开。等到晚上的时候,他就在自己的房间里反复练习。他坚信,自己所做的一切努力都是为了将来一定会出现的机会。

李斯的努力没有白费,一个周末的下午,属于他的机会终于来了。

这一天,轮到一个叫洛克的播音员主持节目。由于整栋电台的大楼里除了他们两个人以外再没有别的人了,所以洛克一边喝酒,一边现场播音。李斯知道,在这种情况下,洛克的播音一定会出现问题。

终于,办公室里的电话响起来了,李斯迅速地接起了电话,和他料想的一样,是电台经理的电话:"李斯,我想洛克已经不可能完成他的节目了。"

"我也认为是这样。"

"那你知道怎么控制录音室的那些装置吗？"

"我想我可以。"

李斯挂了电话，紧接着，他又拿起了电话，先打给了他母亲，又打给了他的女朋友。他说："你们全都到外面的走廊，打开收音机，我马上就要进行现场播音了。"

李斯挂上电话，走到录音室里，轻轻地把已经醉得不省人事的洛克移到了一边，打开了麦克风的开关，开始播音。

李斯的表现已经到了炉火纯青的地步，这让电台经理对他刮目相看。从此以后，李斯相继在广播、演说及电视方面达成了他的梦想。

在生活中、工作中有很多事情不是不可能，关键在于你没有开动脑筋去想，并且没有将脑海中的想法付诸实践。是的，面对挫折的时候，不要给自己任何借口，告诉自己一定能够战胜这些困难，别人能够做到的自己也一定能行。在艰难困苦中，只要你拥有这样一种不找任何借口的心态，那么在成功的道路上就又迈开了至为关键的一步。

所谓"不可能"的事，通常是现实条件明显不足的事。人们的思维定式能够让可能变得不再可能，冲破思维定式则正好相反，需要你从不可能的地方开始考虑，并把它变成可能。

小人物总是被"不可能"打败："我不可能找到理想职业，因为文凭不过硬；我不能胜任这项工作，因为专业不对口；我不可能受到重用，因为我没有背景；我不可能发财，因为我不会做生意；我不可能招人喜欢，因为我相貌不佳；我不可能得到她的芳心，因为我配不上她……"小人物的生活中有太多不可能，所以他们只能平庸地度过一生。

事实上，世界根本没有不可能之事，因为一切皆有可能。

在1968年之前,很多人断言,10秒是百米短跑的速度极限,不可能突破。但是,美国选手海因斯用9秒95的成绩证明这只是谬论。1999年,美国选手格林用9秒79的成绩刷新了世界纪录,又有人说:"这是极限。"但是,所有的田径高手都在心里冷笑:"等着瞧吧,根本没有什么极限。"

所谓"不可能""极限",只是小人物心中的概念,是小人物自我设限。他们在"不可能"的牢笼里和"极限"的坚壁面前失去了向远大目标进发的自由。成功人士的想法正好相反,当别人认为不可能办到时,他们却在思考如何办到。

在成功人士的头脑中没有那么多"不可能"。他们心目中只有自己想要达成的目标和达成目标的勇气。

当马孔·福布斯决定推出"美国400首富排行榜"时,遭到部下的一致反对。首先表示异议的是总编麦克斯,他认为,要查清富翁们的真实收入是一件不可能的事,他们一定不会愿意公开自己的收入,因为他们害怕税务人员找上门来,害怕引起绑匪或恐怖分子的觊觎。既然这一计划不可能实现,何必为它浪费资源?

福布斯认为这只是麦可斯的猜测之词,在没有尝试之前,不宜下不可能的结论。他责成麦可斯立即着手策划。既然老板坚持,麦可斯只好勉为其难地接受了任务。但他还是认为这一计划不可能实现,积极性不高,将这个差事扔给了一个名叫萨拉尼克的下属。

萨拉尼克也不愿做这件在他看来注定劳而无功的事。他率领一班编辑、记者,无精打采地干了两个月,眼看计划实在进行不下去了,就写了一份报告,交给马孔·福布斯说:"我们已尽力试过,不成。"

马孔勃然变色,吼道:"我愿意动用所有的人力来完成这项计划,时间、金钱、人力我都在所不惜。"

　　萨拉尼克看到老板的决心，他这次抛弃所有疑虑，率领手下竭尽全力工作，终于搞出了第一份"美国400富排行榜"。当它刊登在《福布斯》杂志上后，引起全美国的轰动，当期杂志销售一空。而且，榜单刊出后，也没有富翁因此引出税务官司，更无人因此遭到绑架。

　　时至今日，"美国400富排行榜"和《福布斯》一起蜚声世界。

　　在一个充满机遇的时代，机会不是问题，因为猜测放弃机会才是问题。在机会来临时，许多人担心丢脸，担心白费工夫，担心蒙受损失，以致畏缩不前，白白错失机会。他们认为暂时的安全是谨慎的结果，其实臆想的危险可能根本不会发生。

成败就在关键的一步

上天的机会，往往是赐予那些敢于迈出一步、勇敢挑战命运的人。

——哈佛箴言

　　"一个人的一生是漫长的，但是关键的就那么几步。"仔细揣摩，这句话很有哲理。在很多时候，往往就是因为那简单的一步，我们很可能改写自己一生的命运。

　　吉鸿昌说过："路是踩出来的，历史是人写出来的。人的每一步都在书写着自己的历史。"诚然如此，只要敢于迈出关键性的一步，并且为之不懈地努力，柳暗花明指日可待，坎坷的前路也将会峰回路转。

康多莉扎·赖斯是美国历史上的首位非裔女国务卿,在她成长的路程中,也有一段不寻常的经历。

赖斯的母亲是一位音乐教师,因此她自幼便学习音乐。在她16岁时,就已考入丹佛大学音乐学院。所有人都认为,赖斯未来一定会走出一条音乐之路。

然而,在一场音乐节上,赖斯突然感到自己实际上并不具备音乐的天赋,因为那些10岁左右的孩子,只要看一眼曲谱就能够演奏得非常流畅,她却要练上一年。"我绝对不是学音乐的料。"赖斯自言自语道。

放弃音乐之路对赖斯来说是一个艰难的抉择,毕竟自己已经付出了太多的努力,现在放弃可谓得不偿失。很多人也是如此劝她。毕竟,面对这样的现实,或许多半人会将错就错,继续沿着这条路走下去。

但是,经过了一番思索后,赖斯还是决定要走出另一条路。她果断地放弃了音乐生涯,开始学习国际政治概论。她的导师惊奇地发现,赖斯在这一领域很有潜质,于是细心地教导她,将她引向了国际关系和苏联政治学领域。老师的提拔与鼓励,让她积极投身新的领域。19岁时,她获得了政治学学士学位;26岁时,她获得博士学位。1987年,她在一次晚宴上的致辞得到了时任国家安全事务助理的布伦特·斯考克罗夫特的注意。

凭借着自身的努力,赖斯终于在政坛越走越顺,赢得了"钢铁木兰"的称号。最终,她成了美国历史上第一位非裔女国务卿。

如果赖斯当年没有果断放弃音乐学习,那么世界上就会少了一位女性政治家,多了一个普通的钢琴师。赖斯的故事告诉人们:"想要离成功越来越近,就要有不甘于平庸的心态,敢于果断作出改变,即使失败也不会悲伤。这就是果断的力量,它可能会改变你的命运,让你从此与众不同。"

在历史的长廊中,有很多关键的"一步"决定了历史的进程:廉颇负荆请罪,使"将相和"的美谈千古流传;刘备三顾茅庐,使蜀汉后来能取得三足鼎立的一席之地。这些"一步"看似短暂实则重要,看似偶然实则是经历了慎重权衡才能成就的。

人生的阶梯一步步向命运的深处延伸,关键之处的一步往往直接决定了最终的成败。但是,谁也不会事前预知哪一步是关键的一步,因此,人生的每一步都是重要的。请慎重地走好生命中的每一步,尽力将人生之路走得精彩而无悔。

当伊雷尔把开火药厂的想法告诉父亲皮埃尔时,皮埃尔以为他在异想天开。在大家的印象中,这孩子从小就是个沉默寡言的书呆子。皮埃尔对伊雷尔的计划不感兴趣,让他自己解决资金、厂址和其他问题,一切由他自己张罗。随后,伊雷尔以出色的实干精神证明自己不是个空想家。他做得井井有条,被"生产世界上最棒的火药"的狂想鼓舞着,一心扑在上面,东跑西颠。

他手头的资金不够,一流的设备都在法国,厂址不知道安在哪儿合适,等等。这一切都没有着落,他知道,自己不可能像小时候那样用试管和药匙把火药生产出来,但他一件事一件事地落实。首先选厂址,为了争取政府的订货,他想在华盛顿附近找地方。但是,经过一番实地考察后,他发现这里没有火药厂需要的激流、森林和花岗岩。在美国转了一大圈,他终于看中了特拉华州的白兰地河畔,这里水流湍急,蕴含着动力,河边的大片森林是未来的燃料,山上的花岗岩可用于提炼硝石。伊雷尔站在白兰地河边,抑制不住内心的激动,大声喊道:"我找到了,找到了!"

白兰地河畔还有大量廉价的劳动力,无数的法国难民聚居在这里,要求的报酬比美国人低得多。他还认识了刚刚被法国政府驱逐出境的富翁彼得·波提,并说服此人入股。就连法国政府也得知了伊雷尔的活动,为了增加火药来源以便与英国开战,法国政府火药局向伊雷尔提供了先进的生产技术和设备，还督促银行家投资。总之，坚持不懈的努力渐渐把各个环节的设想变成了明朗的现实。终于，生产火药的杜邦公司成立了。

这只是个开头，生产和经营中需要解决的问题还很多。伊雷尔亲自设计厂房的结构，让它最大限度地减轻爆炸的可能性。伊雷尔夜以继日、废寝忘食地指挥基建和设备安装。经过一年紧张的准备工作，火药厂开工了。由于动力不足，试生产失败了。当伊雷尔打算在白兰地河上游修建水坝时，有人正抢着干这件事，这些人想控制火药厂的动力源，伊雷尔通过法律手段驱逐了他们。又过了一年，火药才成功地生产出来，它们的质量是上乘的，但没有名气，被经销商退了回来。伊雷尔在《华尔街日报》上向整个美国宣传："特拉华州是个打猎的好地方，这里还有杜邦公司的狩猎俱乐部，来这儿打猎的人都会得到免费的火药。"在一阵喧嚣之后，订单像雪片般飞来了。1805年，美国政府将杜邦公司定为军方火药的定点生产企业，伊雷尔就这样掘到了第一桶金。

在关键时刻，伊雷尔走出了关键的一步，勇敢地踏上创办火药厂的道路，从而使自己成功跻身于"全球首富圈"。际遇就是这样，它离你很近，只要你敢于踏出重要的一步去接近它。人一生的遭遇，往往决定于人生道路上关键的几步是走对了还是走错了。这实际上是说，就看你在一生中的几次重要的机会来临时，是敏锐果断地及时抓住和利用了它们，还是眼睁睁地看着它们擦肩而过。

每一步都决定你的人生走向，一步走错就有可能与成功南辕北辙。看似简单"一步"其实隐藏着很大的玄机。在迈出人生中关键的一步时，既要深思熟虑，又要敢于果断出击。只有这样，你的步伐才能更加坚实有力！

机遇青睐有勇气的人

很多时候，人们抱怨上天不给予自己成功的机会，却没有发现其实机会就在身边，只是因为害怕困难而自行放弃了，而机会一旦丧失，就很难重新拥有。

——哈佛箴言

每个人成功的机会都是相等的，只不过是那些具备胆识、勇于挑战的人比平常人善于把握罢了。有很多人是在别人的不认可甚至是鄙夷中获得成功的。要想获得成功，你需要打破常规，敢于走别人从未走过的路。虽然看起来有点儿危险，但成功往往就躲藏在危险的后面。

19世纪中叶，美国人在加利福尼亚发现了金矿，这个消息就像长了翅膀，很快就吸引了很多的美国人。在通往加利福尼亚的每一条路上，每天都挤满了去淘金的人。他们风餐露宿，日夜兼程，恨不得马上就赶到那个令人魂牵梦萦的地方。

在这些做着美梦的人流中，有一个叫菲利普·亚默尔的年轻人，他当年才17岁，是一个毫不起眼的穷人。

到了加利福尼亚州之后，他的"黄金梦"很快就破灭了："各地涌来的人太多了。"茫茫大荒原上挤满了采金的人，吃饭、喝水都成了大问题。刚开始的时候，亚默尔也跟其他人一样，整天在烈日下拼命地埋头苦干，一天下来口干舌燥。

亚默尔很快就意识到，在这里，水和黄金一样贵重。他曾经不止一次地听到人说："谁给我一碗凉水，我就给他一块金币。"可是很多人都被金灿灿的黄金迷住了，没有人想到去找水。

亚默尔下决心不再淘金了，而是弄水来卖给这些淘金的人，赚淘金者的钱。卖水其实很简单，挖一条水沟，把河里的水引到水池里，然后用细沙过滤，就可以得到清凉可口的水了。他把这些水分装在瓶里，运到工地上去卖给那些口干舌燥的人。淘金者们看到水，一下子就拥了过来，纷纷慷慨解囊，拿出自己的辛苦钱来买亚默尔的水解渴。

看到亚默尔的举动，很多淘金者都感到很可笑："这傻小子，千里迢迢跑到这里来，不去挖金子，而干这种玩意儿，没出息。"

这本身是一个大胆的决策，亚默尔自然不会被这些话吓回去，依然我行我素，天天坚持不懈，一直在工地上卖水。

经过一段时间，很多淘金者的热情减退了，本钱用完了，血本无归，两手空空地离开了加利福尼亚。亚默尔的顾主越来越少，他也应该走人了。这时，他已经净赚了6000美元。

你不能因为害怕而拒绝一切尝试，冒险精神是任何一个成功者都必须拥有的，亚默尔的成功就是一个很好的例子。如果一个人不愿意冒险，不敢试着抓住停留在自己面前一晃而过的机会，那么他就永远抓不住机会。相反，如果一个人在机会面前勇敢地面对，坚定挑战的信心，那么他极有可能取得成功。冒险不一定成功，但是不冒险去尝试一定不可能成功。人要想在人生的战场取胜，机会是必不可少的，过度谨慎就会失去发展的大好机会，从而将属于自己的市场拱手让人。

"幸运喜欢光临勇敢的人。"这是西方一条有名的谚语。它向人们说明了冒险与机会是紧密相连的。冒险是表现在人身上的一种勇气和魄力，险中有夷，危中有利。倘若要创立惊人的战绩，就应该敢于冒险。

阿曼德·哈默是美国一位成功的冒险家、企业家。在人们向哈默请教获得财富的秘诀时,哈默总是摇摇头,反问一句:"你敢冒险吗?"

1921年,哈默还是一名医生。那时的苏俄经历了内战与灾荒。哈默本来可以选择在医院里做清洁工作,度过安稳的一生。但是哈默在战乱中看到了商机,于是作出了普通人认为是疯了的抉择,踏上了被西方描述成地狱的苏俄。

当时,苏俄被内战、外国军事干涉和封锁弄得经济萧条,人们生活十分困窘。霍乱、斑疹、伤寒等传染病与饥荒严重地威胁着人们的生命。列宁领导的苏维埃政权采取了重大的决策,鼓励吸引外资,重建经济。但很多西方人士对苏俄充满偏见和仇视,到苏俄经商、投资、办企业,被称作是"到月球去探险"。

哈默心里当然也知道这一点,但风险大,利润必然也大,值得去冒险。于是,哈默进入苏俄。商人精明的头脑告诉他,被灾荒困扰着的苏俄目前最急需的是粮食。他又想到这时美国粮食大丰收,价格却很低。农民宁肯把粮食烧掉,也不愿以低价出售。而苏俄拥有美国需要的毛皮、白金、绿宝石。如果让双方能够交换,岂不两全其美?机不可失,哈默立刻向苏俄官员建议,从美国运来粮食换取苏俄的货物。双方很快达成协议,并且初战告捷。

没隔多久,哈默成为第一个在苏俄经营租让企业的美国人。此后,他成为负责苏俄对美贸易的代理商,成为美国福特汽车公司、美国橡胶公司、艾利斯—查尔斯机械设备公司等几十家公司在苏俄的总代表。生意越做越大,他的收益也越来越多,仅他存在莫斯科银行里卢布的数额就非常惊人。

第一次冒险使哈默尝到了巨大的甜头,从此,"只要值得,不惜血本也要冒险"成了哈默做生意的最大特色。

你敢或不敢,机会就在那里。每一个人,都应该成为自己命运的设计师,都应该对生活承担责任。上天是公平的,只有付出才有回报,只有进行勇敢地尝试,机会才有可能来敲你的门。如果没有把握机遇的意识,你能在消极的生活中熬过一天又一天,直到自己老去。

人们总是时常提醒自己"马上做",可就是这简简单单的三个字,说起来容易,做起来却很难。从平凡人走向富翁需要的是把握机会,而当机遇平等地送到大家面前时,只有有勇气和胆略者才能抓住它,进而走向成功。勇气和胆略意味着需要冒险,而哪一个成功者没有冒险的经历呢?

捕捉住游荡的机遇

无论发现机遇还是抓住机遇,都要靠能力而不是靠运气。

——哈佛箴言

机遇就像一个精灵,它来无影去无踪,令人难以捉摸。在实践活动中,如果你能在时机来临之前就识别它,在它溜走之前就采取行动,就能抓住那数不清的财富。

每个人都渴望抓住机遇,因为在某种意义上,机遇就是一种巨大财富,它对改变人生面貌具有巨大作用。很多的成功人士声称,机遇成就了他们的事业,机遇带给了他们无尽的财富。只要有锲而不舍的毅力去争取,就一定能有所收获。

19世纪，英国物理学家瑞利在无意中发现一个有趣的现象，在端茶时，茶杯会在碟子里滑动和倾斜，有时茶杯里的水也会洒出一些。但当茶水稍洒出一点儿弄湿了茶碟时，会突然变得不易在碟上滑动了。他想，这其中一定隐藏着什么秘密，不能放过利用这一机遇提供的启示。他对比做进一步研究，作出了许多相类似的试验，结果得出了一种求算摩擦的方法——倾斜法，他因此获得了意外惊喜。

人要在有限的生命中创造出大事业，仅靠苦干蛮干是行不通的，要靠你那犀利的双眼看准时机并把握机遇，将它变成现实的财富，这才是你智慧的体现。

机遇总是那么短暂而又不可多得，很多人总是在为机遇而不停地准备着，而一味地等待或许会痛失良机。

哈佛大学认为，要想抓住机遇，就必须具有识别机遇的眼光。大家处在一个充满机遇的世界，随时都有好机会出现在人们面前。但是，能不能认出它是一个好机会才是关键。

一天，贵族西格诺的府邸正要举行一个盛大的宴会，主人邀请了一大批客人。就在宴会开始的前夕，负责餐桌布置的点心制作人员派人来说，他设计用来摆放在桌子上的那件大型甜点饰品不小心弄坏了，管家急得团团转。

这时，厨房里一个干粗活的仆人走到管家的面前，怯生生地说道："如果您能让我来试一试的话，我想我能造另外一件来顶替。"

"你?"管家质疑地问道，"你是什么人，竟敢说这样的大话?"

"我叫安东尼奥·卡诺瓦，是雕塑家皮萨诺的孙子。"这个脸色苍白的孩子回答道。

"小家伙，你真能做吗?"管家将信将疑地问道。

"如果您允许我试一试的话，我可以造一件东西摆放在餐桌中央。"小孩子开始显得镇定一些。

于是，管家就答应让安东尼奥去试试，并在一旁紧紧地盯着这个孩子，注视着他的一举一动，看他到底怎么办。安东尼奥不慌不忙地要求人端来了一些黄油。不一会儿工夫，不起眼的黄油在他的手中变成了一只蹲着的巨狮。管家喜出望外，惊讶得张大了嘴巴，连忙派人把这个黄油塑成的狮子摆到了桌子上。

晚宴开始了。客人们陆陆续续地被引到餐厅里来。这些客人当中，有威尼斯最著名的实业家，有高贵的王子，有傲慢的王公贵族们，还有眼光挑剔的专业艺术评论家。但当客人们一眼望见餐桌上卧着的黄油狮子时，都不禁交口称赞起来，纷纷认为这真是一件天才的作品。他们在狮子面前不忍离去，甚至忘了自己来此的真正目的是什么了。结果，这个宴会变成了对黄油狮子的鉴赏会。客人们在狮子面前情不自禁地细细欣赏着，不断地问主人西格诺，究竟是哪一位伟大的雕塑家竟然肯将自己天才的技艺浪费在这样一种很快就会融化的东西上。西格诺也愣住了，他立即喊管家过来问话，管家把小安东尼奥带到了客人们的面前。

当这些尊贵的客人们得知面前这个精美绝伦的黄油狮子竟然是这个小孩仓促间做成的作品时，都不禁大为惊讶，整个宴会立刻变成了对这个小孩的赞美会。富有的主人当即宣布，将由他出资给小孩请最好的老师，让他的天赋充分地发挥出来。

西格诺没有食言，但安东尼奥没有被眼前的宠幸冲昏头脑，依旧是一个淳朴、热切而又诚实的孩子。他孜孜不倦地刻苦努力着，希望把自己培养成为皮萨诺门下一名优秀的雕刻家。

也许很多人并不知道安东尼奥是如何充分利用第一次机会展示自己才华的。然而，没有人不知道后来著名雕塑家安东尼奥·卡诺瓦的大名，也没有人不知道他是世界上最伟大的雕塑家之一。

成功者从来不会坐在家里等待机遇的光顾。他们会走出去，在行动中寻找机会。虽然他们并不是每一次都能如愿以偿，但是尝试的次数要远远多于那些做事犹犹豫豫的人，取得成功的概率自然也大得多。

哈佛大学认为，机遇是烈马而不是绵羊，它只会被强大而有力的人驯服。在现实生活中，即使你发现了机遇，也未必能抓住它并借此改变人生。所以，要想抓住机遇，就必须勤修自己的能力。

年轻的保罗·道密尔流浪到美国时，身上只剩下5美分，而且没有一技之长。他所拥有的只是一个发财的梦想。他非常清楚，发财的希望不能靠偶然的机遇，要靠高于一般的能力。他决心学会成为一个大老板需要的各种技能。

刚到美国18个月，道密尔换了15份工作。每份工作的性质都不同。对任何一项工作，无论是机修工还是搬运工，他都认真对待，绝不马虎。不过，一旦他完全掌握这项工作的技能，马上就跳槽。他不愿在自己熟悉的事情上浪费时间。

两年后，一位老板看中了他的才干和敬业精神，决定把整个工厂交给他管理。道密尔没有让老板失望，他把工厂管理得很好，他的收入也非常可观。可是半年后，他突然向老板提出辞呈，跳槽到一家日用杂品厂当了推销员。他认为，要成为一流商人，只有企业管理经验是不够的，还必须熟悉市场，了解顾客需求。推销无疑是一份最接近顾客的工作，于是，他放弃体面的职位和优厚的薪金，做起了推销员。

经过几年磨炼，道密尔对自己的才能充满了自信。他用极低的价钱买下一家濒临倒闭的工艺品厂，经过一番整顿，很快使它起死回生，成为一家赢利状况极佳的企业。

其后，他再接再厉，买下一家又一家破产企业，并像个包治百病的神医似的，使它们重焕生机，他的财富也越积越多。20年后，白手起家的道密尔迈入亿万富豪的行列。

在生活中，那些终生平庸的人有一种奇怪的想法："如果遇到很好的机会，我一定做得很好。"所以，他们老是哀叹自己没有机会。其实他们更应该问问自己，有没有为机会的到来作好准备？

哈佛大学认为，机遇的意思就是，如果你做得很好，自然就会遇到很好的机会。任何一个好机会，都产生于超常规的事件中，需要付出超常的努力以获得超常的利益。它对你习惯的工作方式、生活方式甚至价值观都可能是一个挑战。你需要以非常规的心态去看待它，并接纳它。这就是抓住机遇的秘密，或者说，这就是成功的秘密。

寻找自己的康庄大道

对于别人的路，看一看还可以，但一味地效仿是走不出同样的潇洒和精彩的。

——哈佛箴言

康庄大道，形容平坦宽阔、四通八达的道路，意为美好光明的前途。

路是自己选的，每个分岔口都得细心琢磨，就像开车一样，胆大心细。但是人生最好不要效仿，吸取精华是很有必要的。

水往低处流，人往高处走，这是自然规律。没有人可以绝对肯定你的成功或者失败，也没有人可以随意扼杀你的创意和梦想，但是当梦想建于积极态度上，会成为理想，但是建立在消极的幻想中，那就成了白日梦。并不是否定你的能力，但是人应该正视自己的环境和自己本身拥有的条件，在环境上和你的条件上取决你的康庄大道。

一个公司的部门经理，善于和客户打交道，并且具有一定的能力。他认为老板所成就的他同样可以拥有，于是离开了公司，开始独自创业。一开始，他壮志凌云，认为他的成功时刻来了。但是，公司的开支过大，加上他不擅长管理决策，导致公司破产，他又沦落为打工族。

俗语道："条条大路通罗马。"幸福对于每个人来说是不同的概念，而光明的康庄大道对于人们来说也是各有各的想法。

现代人的幸福指数之所以不高，因为人们想拥有的太多，又或是人们不知道到底想拥有的是什么。所以，在人生的十字路口上，找一条自己愿意的路吧。有时候，不一定大风大浪才是精彩的人生，细水长流同样有它的美。

康庄大道不只是一条，成功不只是一个方法，功成名就也不一定是最好的幸福，一定要寻找属于自己的康庄大道。对别人的康庄大道看一看是可以的，收集一些利于自己要实现理想的观念和做法是对的，但一味地效仿是走不出同样的潇洒和精彩的。